海绵城市低影响开发雨水系统模拟及其不确定性研究

宫永伟　李俊奇　侯少轩　著

中国城市出版社

图书在版编目（CIP）数据

海绵城市低影响开发雨水系统模拟及其不确定性研究/宫永伟，李俊奇，侯少轩著.--北京：中国城市出版社，2024.12.--ISBN 978-7-5074-3779-9

Ⅰ.TV213.4

中国国家版本馆CIP数据核字第20247SY713号

责任编辑：石枫华　兰丽婷
责任校对：李美娜

海绵城市低影响开发雨水系统模拟及其不确定性研究

宫永伟　李俊奇　侯少轩　著

*

中国城市出版社出版、发行（北京海淀三里河路9号）
各地新华书店、建筑书店经销
北京光大印艺文化发展有限公司制版
建工社（河北）印刷有限公司印刷

*

开本：787毫米×1092毫米　1/16　印张：13¼　字数：248千字
2024年11月第一版　　2024年11月第一次印刷
定价：**48.00**元
ISBN 978-7-5074-3779-9
（904766）

版权所有　翻印必究
如有内容及印装质量问题，请与本社读者服务中心联系
电话：（010）58337283　QQ：2885381756
（地址：北京海淀三里河路9号中国建筑工业出版社604室　邮政编码：100037）

编写人员

宫永伟　李俊奇　侯少轩　戚海军　陈世杰
张爱玲　陈　晔　梁晓莹　刘伟勋　傅涵杰
王　琦　杨　进　宋瑞宁　印定坤

序
PREFACE

  城市发展进程中,水资源管理和水环境保护已成为至关重要的问题。雨水作为城市水循环的重要组成部分,其管理和利用对于城市的可持续发展具有重要意义。低影响开发作为一种先进的雨水管理理念,旨在通过源头控制、分散式处理和自然净化等方式,减少雨水的排放,降低对环境的影响。然而如何有效地模拟和预测低影响开发城市雨水系统的性能,评估海绵城市的建设效果,以及如何处理建模过程的不确定性,是目前工程实践中急需解决的问题。

  本书阐述了低影响开发城市雨水系统的内涵和内容,系统介绍了模型选择及建模流程、基于模型模拟的规划设计优化、基于模型模拟的产汇流规律、城市雨洪模型构建的不确定性分析及综合评价等内容。模型选择及建模流程章节详细介绍了用于模拟城市雨水系统的模型类型和建模流程,为读者提供了实用的理论依据和实践指导;基于模型模拟的规划设计优化章节进一步探讨了如何将模型应用于实际的规划设计工作中,实现城市雨水系统的优化设计;基于模型模拟的产汇流规律研究章节深入研究了城市雨水系统的产汇流规律,以实际案例分析了影响产汇流规律的因素;城市雨洪模型构建的不确定性分析及综合评价章节则对模拟中的不确定性问题进行了全面分析,并提出了不确定性分析的具体内容和综合评价方法。

  作者团队通过理论与案例相结合的方法,介绍了低影响开发城市雨水系统建模方法,为解决实际工程问题提供了有力支撑。本书的出版对于推动我国在低影响开发城市雨水系统模拟及其不确定性研究方面的发展具有重要理论与实践意义,将为相关专业的研究生、学者和工程师提供宝贵的参考和启示。希望本书的出版能够进一步推动我国在城市雨水系统模拟与优化方面的研究进程,为实现城市建设的可持续发展作出积极贡献。

前言
FOREWORD

  气候变化和城市化给城市水系统带来巨大挑战，如何有效管理城市雨水系统，减轻洪涝灾害风险，同时维持生态环境的可持续发展，已成为全球共同关注的焦点。海绵城市是一种全新的城市建设模式，其采纳低影响开发理念来降低城市开发带来的水问题。低影响开发作为一种有效的雨水管理和面源污染处理理念、方法与技术，已被越来越多地应用于城市的规划建设。

  数学模型能有效评估低影响开发城市雨水系统的建设效果。产汇流规律是雨洪模型的重要基础，产流分析基于水文学原理，考虑降雨强度、降雨历时、土壤湿度等因素对径流量的影响，通过建立数学方程预测不同降雨事件下的产流量。汇流分析基于水力学原理，考虑水流在管道、河道等水体中的流动和转化过程，通过建立水力学方程预测不同降雨事件下的径流量和水位变化。城市雨洪模型可模拟降雨产汇流情况，在低影响开发城市雨水系统规划设计和效果评价方面可发挥重要作用。与此同时，模型模拟结果存在不确定性，可能导致模拟结果的失真。不确定性理论不同于以往的基于优化思想的参数识别，通过对比模拟数据和实际数据得到更加可靠的参数组合，减小模型与现实的误差。

  基于上述背景，科学使用低影响开发城市雨洪模型是指导当前海绵城市规划建设的重要保障。本书从绪论、模型选择及建模流程、基于模型模拟的规划设计优化、基于模型模拟的产汇流规律研究、城市雨洪模型构建的不确定性分析及综合评价五个部分对低影响开发城市雨水系统模拟及其不确定性进行了探索研究，并以典型案例对分析流程进行了详解，以期为指导海绵城市规划、设计和评价提供借鉴。

  本书由北京建筑大学宫永伟、李俊奇、侯少轩主持编写。第 1 章由宫永伟、李俊奇、侯少轩执笔；第 2 章由宫永伟、李俊奇、戚海军、陈世杰、张爱玲、陈晔执笔；第 3 章由宫永伟、李俊奇、戚海军、陈世杰、梁晓莹、刘伟勋执笔；第

4章由宫永伟、李俊奇、侯少轩、傅涵杰、王琦、杨进、梁晓莹执笔；第5章由宫永伟、宋瑞宁、戚海军、侯少轩、印定坤执笔。此外，研究生张贤巍、付宏焱、周志华、张郁媛、张国鸿、孟格、党昕等参加了书稿的校对工作。感谢石枫华编辑在本书出版过程中辛勤的付出。

本书撰写过程中得到了贾海峰、周玉文、柴宏祥、李家科、丁晓雯、陈磊、王浩正、于磊、刘兆飞等专家的指导，在此一并致以衷心的感谢！

由于作者水平有限，书中不妥在所难免，敬请广大读者批评指正。

2024年3月

目录

CONTENTS

第1章 绪论 1
    1.1 海绵城市低影响开发城市雨水系统概述 1
    1.2 城市雨洪模型概述 3
    1.3 城市雨洪模型应用 9

第2章 模型选择及建模流程 14
    2.1 模型选择 14
    2.2 模型构建 15

第3章 基于模型模拟的规划设计优化 51
    3.1 概述 51
    3.2 基于方案对比的设计优化研究 54
    3.3 基于优化算法的设计优化研究 76

第4章 基于模型模拟的产汇流规律研究 92
    4.1 概述 92
    4.2 影响产汇流规律的因素 93
    4.3 案例分析 96

第5章 城市雨洪模型构建的不确定性分析及综合评价 125
    5.1 模型不确定性分析的必要性 125
    5.2 模型不确定性分析内容 137
    5.3 案例分析 157

参考文献 191

第1章 绪论

1.1 海绵城市低影响开发城市雨水系统概述

1.1.1 低影响开发城市雨水系统的内涵

低影响开发（Low Impact Development，以下简称"LID"）是20世纪90年代中期由美国马里兰州乔治王子郡环境资源署提出的一种新型雨水管理理念，也称为低影响设计（Low Impact Design）或低影响城市设计和开发（Low Impact Urban Design and Development），LID通过结构性和非结构性措施降低了城市雨洪的风险。结构性措施包括绿色屋顶、下凹式绿地、透水铺装、植草沟和雨水花园等；非结构性措施包括加强公众教育、替代性道路设计、降低污染源数量等。LID核心是维持场地开发前后水文特征基本不变，包括径流总量、峰值流量、峰现时间等（图1-1）。从水文循环角度，要维持径流总量不变，就要采取渗透、储存等方式，实现开发后一定量的径流量不外排；要维持峰值流量不变，就要采取渗透、储存、调节等措施削减峰值和延缓峰值时间。如果土地开发强度较低，绿地率较高，在场地源头就会有充足空间来消纳场地开发后径流的增量（总量和峰值）。但是，我国大多数城市土地开发强度普遍较大，仅在场地采用分散式源头削减措施，难以实现开发前后径流总量和峰值流量等维持基本不变，所以还须借助于中途、末端等综合措施，来实现开发后水文特征接近于开发前的目标。

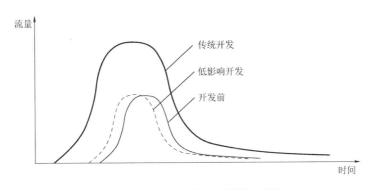

图1-1 低影响开发水文原理示意图

低影响开发作为我国海绵城市建设的重要指导思想，不仅适用于新城建设，同样也适用于旧城更新及其面临的污染和内涝等复杂问题的综合解决。在海绵城市建设中，根据不同项目尺度，低影响开发强调的"源头控制"通常又具有相对的概念，既可针对城市地块的雨水径流源头减排，也可从城市流域的视角将以汇水分区为单元的城市雨水径流综合管控视为源头控制。因此海绵城市中所指的低影响开发并不完全等同于源头减排，其技术措施应更趋近于美国的绿色雨水基础设施（Green Stormwater Infrastructure，GSI），涵盖对雨水径流发挥"渗、滞、蓄、净、用、排"不同功能、不同尺度的绿色雨水设施。

1.1.2 低影响开发城市雨水系统的内容

低影响开发城市雨水系统的内容可以分别从系统、工程项目类型及措施类型角度进行分类。

从系统角度来看，LID涉及源头—中途—末端等开发建设的各个环节。低影响开发理念的提出，最初是强调从源头控制径流，但随着低影响开发理念及其技术的不断发展，加之我国城市发展和基础设施建设过程中面临的城市内涝、径流污染、水资源短缺、用地紧张等突出问题的复杂性，在我国低影响开发的含义已延伸至源头、中途和末端不同尺度的控制措施。城市建设过程应在城市规划、设计、实施等各环节纳入低影响开发内容，并统筹协调城市规划、排水、园林、道路交通、建筑、水文等专业，共同落实低影响开发控制目标。因此，广义来讲，低影响开发指在城市开发建设过程中采用源头渗滞削减、中途转输截流、末端净化调蓄等多种手段，通过渗、滞、蓄、净、用、排等多种技术，实现城市良性水文循环，提高对径流雨水的渗透、调蓄、净化、利用和排放能力，维持或恢复城市的"海绵"功能。

从工程项目类型角度来看，LID可以应用在建筑与小区、城市道路、绿地与广场、水系等不同类型的项目。其中建筑屋面和小区径流雨水应通过有组织地汇流与转输，经截污等预处理后引入绿地内以雨水渗透、储存、调节等为主要功能的设施。城市道路径流雨水应通过有组织地汇流与转输，经截污等预处理后引入道路红线内、外绿地内，并通过设置在绿地内以雨水渗透、储存、调节等为主要功能的设施进行处理。城市绿地、广场及周边区域径流雨水应通过有组织地汇流与转输，经截污等预处理后引入城市绿地内以雨水渗透、储存、调节等为主要功能的设施，消纳自身及周边区域径流雨水，并衔接区域内的雨水管渠系统和超标雨水径流蓄排系统，提高区域内涝防治能力。城市水系设计应根据其功能定位、水体现状、岸线利用现状及滨水区现状等，进行合理保护、利用和改造，在满足雨洪行泄等功能条件下，实现相关规划提出的低影响开发控制目标及指标要求，并与城市雨水管渠系统和超标雨水径流蓄排系统有效衔接。低影响开发雨水系统的构建需统筹协调城市开发建设各个环节。在城市各层级、各相关规划中均应遵循低影响开发理念，明确低影响开发控制目标，结合城市开发区域或项目特点确定相应的规划控制指标，落实 LID 设施建设的主要内容。设计阶段应对不同 LID 设施及其组合进行科学合理的平面与竖向设计，在建筑与小区、城市道路、绿地与广场、水系等项目建设中，应统筹考虑景观水体、滨水带等开放空间，建设 LID 设施，构建低影响开发雨水系统。低影响开发雨水系统的构建与所在区域的规划控制目标、水文、气象、土地利用条件等关系密切，因此，选择低影响开发雨水系统的流程、单项设施或其组合系统时，需要进行技术经济分析和比较，优化设计方案。

从措施类型角度来看，LID 涵盖结构性措施和非结构性措施两种，结构性措施包括透水铺装、绿色屋顶、下凹式绿地、生物滞留设施、渗透塘、渗井、湿塘、雨水湿地、蓄水池、雨水罐、调节塘、调节池、植草沟、渗管/渠、植被缓冲带、初期雨水弃流设施、人工土壤渗滤等。这些设施按主要功能一般可分为渗透、储存、调节、转输、截污净化等类型。通过各类技术的组合应用，可实现径流总量控制、径流峰值控制、径流污染控制、雨水资源化利用等目标。实践中应结合不同区域水文地质、水资源等特点，以及技术经济分析，按照因地制宜和经济高效的原则选择低影响开发技术及其组合系统。非结构性措施指不涉及固定永久性设施，而通过政策、法律、公众意识、培训和教育等降低雨洪或污染风险与影响的措施，常见的有城市规划控制、战略计划与实施机制、污染预防管理、教育和公众参与计划、监管机制五大类措施。

1.2 城市雨洪模型概述

1.2.1 城市雨洪模型的发展

城市化导致场地下垫面条件发生大幅变化，进而改变了当地的产汇流特征。有研究指出，城市年降雨径流总量大小随着不透水面积的增加而升高，一个完全城市化区域的年降雨径流总量是相似自然流域的 4～5 倍，同时峰流量比自然流域高出数十倍。主要原因是城市化降低了地表的雨水截留和下渗能力，导致城市排水系统由原来的地表沟渠、河流湖泊变为复杂的地下管网，使传统的水文模型不能精准地模拟目前城市水文现状。为了深入认识城市降雨径流过程，低影响开发城市雨洪模型应运而生，并迅速发展。

发达国家城市化较早，对雨洪灾害研究较多，20世纪60年代就已开始研发满足城市排水、防洪等各方面要求的低影响开发城市雨洪模型，并建立了准确、实时的暴雨洪涝预警系统。计算机技术的发展加速了这些模型的开发和应用，也展示了数学建模技术在城市雨洪方面的应用和发展历程。同时也暴露出很多不足，即城市雨洪模型通常缺少雨水排放系统的可靠性分析、风险评估及经济分析功能，今后模型开发的重点应该是将这些模块整合到城市雨洪模型中。

随着城市化进程的加快，城市遭遇极端暴雨袭击的可能性和造成重大灾害的风险也逐渐增大，城市雨洪模型在模拟预报城市内涝洪灾中的作用越来越明显。我国学者在吸收国外研究成果基础上，取得了一些成绩。例如：1993年，岑国平等人提出了我国首个自主开发的较为完整的城市雨水管道计算模型（SSCM）；1997年，刘俊针对我国城市化地区的产汇流特性，在SWMM基础上建立了城市排水管网模型；1998年，周玉文等人建立了用于设计、模拟和分析排水管网的城市雨水径流模型（CSYJM）；2000年，仇劲卫等人将城市洪涝仿真模拟技术与城市气象预报监测技术结合建立了天津市暴雨洪涝仿真模型；2001年，周玉文等人以VB和FoxPro为工具，开发研制了城市排水系统非恒定流模拟模型；2006年，中国科学院陆地水循环及地表过程重点实验室开发了水循环综合模拟系统（HIMS），在山水环境与水资源综合管理中发挥重要作用；2014年，北京清控人居环境研究院有限公司在SWMM模型的基础上，结合GIS技术集成开发了城市排水管网模拟系统，支持一维管网与二维地表的动态耦合模拟计算，完整反映排水管网整体运行负荷变化规律和城市内涝风险。

1.2.2 常用模型软件介绍

目前主流可应用于海绵城市模拟的模型有美国国家环境保护局的SWMM模型，丹麦水力系统MIKE系列软件（商业），英国InfoWorks ICM（商业），国内基于SWMM模型开发的Digital Water Simulation（商业）、鸿业SWMM（商业），以及中国市政工程华北设计研究总院有限公司研发的Simuwater等模型。

1. SWMM

SWMM软件最初开发于1971年，此后经历了多次重要升级。其径流模块综合处理各子流域所发生的降雨、径流、污染负荷；汇流模块则通过管网、渠道、蓄水和处理设施、水泵、调节阀等进行水量传输。SWMM软件自开发以来，已广泛应用于城市降雨径流模拟、合流制管道，以及排水系统的规划、分析和设计，在其他非城市区域也有广泛应用。SWMM按其功能可分为水质和水量模拟两部分。在模型运行之前，需要给定各模块的计算方法、相关参数和降雨资料。经过模型运行可以得出相关模块的水量和水质数据。

SWMM 软件是大多数模型软件的基本组成模块，虽然模拟结果展示效果一般，但模型嵌有多种结构性的 LID 设施，在概化汇水区时能简化操作过程。经过几十年的发展应用，SWMM 的功能不断扩充，相继开发了径流模块、输送模块、扩展输送模块和调蓄/处理模块等核心模块，各模块之间相互联系，协作运行。

SWMM 软件主要是将下垫面划分为不同性质的子汇水区，在降雨事件发生后，通过扣除子汇水区地表洼地蓄水、蒸发和入渗等径流损失来计算地表产流量，并运用非线性水库方法计算地表汇流过程，但是 SWMM 主要进行一维运算，因而忽略了地面高程对于地表产汇流的影响。只能通过人为方式按照地面高程情况进行子汇水区划分，不同子汇水区划分方式对 SWMM 软件的模拟结果有着非常重要的影响，这将增大模拟结果的不确定性。

SWMM 软件主要用于模拟城市某个单一降雨事件或长期的水量、水质变化情况。SWMM 软件还可以模拟研究区域内的下凹式绿地、渗透铺装、生物滞留设施、渗透沟渠、植草沟等 LID 设施。通过对 LID 设施分层概化，达到对雨水滞留和雨水水质处理的效果评价。但其与 AutoCAD、ArcGIS 等软件之间的数据衔接很难实现，也不能模拟二维漫流情况，因此不能实现积水过程的模拟分析。

2. MIKE 系列

MIKE 系列是由丹麦 DHI 公司研发的水动力模型，是基于水动力学方程离散求解原理，可模拟一维河道、二维和三维城市复杂地形的水文水动力过程。包括城市管网模型（径流模型、管流模型）MIKE Urban、河网模型 MIKE 11、二维地形模型 MIKE 21，以及耦合模型 MIKE flood。

1）MIKE Urban

MIKE Urban 是 MIKE 众多软件中的一个重要组成部分，主要用于城市管网的下渗、溢流、地面径流、管内流动等水力影响模拟。

MIKE Urban 适用于城市排水与防洪、分流制管网的入流/渗流、合流制管网的溢流、受水影响、在线模型以及管流监控等方面。MIKE Urban 软件中嵌入的 ArcGIS 模块能够提供地理信息分析功能，因此当模拟地形比较复杂，且地面高程信息比较完备的情况下，模拟结果的三维展示效果仍较好。另外，MIKE Urban 引入了海绵城市设计的功能，用于保护和建设城市自然景观。增添了新的管流模拟节点"渗水单元（Soakaway）"，可以评估不同低影响开发措施的组合效应，如雨水花园、透水铺装等。MIKE Urban 中的 SWMM 5.1 引擎嵌有 LID 模块，能较方便地模拟不同类型的 LID 设施。但软件中网格划分是三角网格，二维模拟计算速度较慢。

2）MIKE 11

MIKE 11 是动态模拟一维河网的模拟软件，主要适用于河口、河流、灌溉渠道以及其他水体的一维水动力、水质和泥沙运输模拟。

MIKE 11 基于 MIKE ZERO 平台，具有多模块选择以及集成化图形用户界面，并且提供了便利演示工具的一维河道模拟软件。MIKE 11 有较为精确的结果计算工具，适用于精确计算洪水发生的位置以及水位，分析洪水防治措施的效果，模拟河道中沉积物长期运移规律，确定污染物浓度峰值位置等。

3）MIKE 21

MIKE 21 是针对地形进行二维漫流模拟的重要模型，可应用于复杂的地形模拟以及海岸管理的规划等。

MIKE 21 是一种二维建模的自由表面流的建模系统，适用于模拟液压和在湖泊、河口、海湾、沿海地区以及海域的生态环境的模拟，应用于二维水力学的研究时具有较好的效果，且可用于多种计算网格、容许选择的模块，可确保用户按照自身的需求来选择。

4）MIKE Flood

MIKE Flood 是集合上述三个模块的耦合模拟工具，具有完整的一维 MIKE Urban 排水管网建模软件、一维 MIKE 11 河网建模软件、二维 MIKE 21 地形模块和洪水模拟引擎。

MIKE Flood 对于城市内涝灾害的模拟具有独特的优势，不仅可以模拟出内涝区域以及内涝区的积水程度，分析产生洪水的原因，还可以模拟以上各种情况的组合，因此适用于复杂的模拟研究。

3. InfoWorks ICM

InfoWorks ICM 城市综合径流模型是由英国华霖富水力研究有限公司开发的一款城市排水系统水文水力模拟软件，可以完整模拟城市降雨径流排水过程。

InfoWorks ICM 城市综合径流模型的构建以城市下垫面、地形、排水管网、河道水体等为基础，反映降雨、地表和受纳水体之间的相互作用过程关系。模型内置一个独立的模拟引擎，可以实现城市排水的一维模拟和结合地面高程模型的积水内涝二维模拟。

InfoWorks ICM 城市综合径流模型具有多种功能，包括城市建成区排水系统现状的排水能力评估、城市新开发区排水系统的辅助规划、旧城区改造方案的评估等方面。相比于传统的排水规划设计，InfoWorks ICM 城市综合径流模型辅助模拟可以快速、高效地进行大量数据、多方案的模拟对比等工作，弥补许多人工规划设计无法完成的内容。

InfoWorks ICM 城市综合径流模型内置有各种水工构筑物模块，可以对检查井、溢流堰、蓄水池、塘、墙、阀门等不同的水工构筑物进行仿真模拟，同时根据需求模拟不同的降雨，根据需要统计显示水量、水深、充满度、面积、时间、流速等各种数据信息，为排水系统的评价、分析、改造等提供必要的数据支撑。

InfoWorks ICM 城市综合径流模型是一个综合性的模拟平台，它整合了城市排水管网系统模型和河道模型，采用一维和二维水动力学计算模型，通过模拟城市地上地下所有的雨水系统，精确再现了排水系统中的所有水力路径。InfoWorks ICM 城市综合径流模型将自然环境和人工构筑环境下的水力水文特征完整地融合到一个单一的模型中。将降雨量、入渗量及污水排放量等信息输入到计算机建立的模型中，模拟污水系统、雨水系统、合流制排水系统以及地表漫流系统等。

InfoWorks ICM 城市综合径流模型通常可以用于分析城市积水、河道溢流等产生的原因，并找出解决这些问题的方法。InfoWorks ICM 城市综合径流模型较适合对城市管网以及其他排水防涝基础设施进行模拟分析，二维模拟过程中网格划分为三角网格，划分比较准确且计算速度较快。

4. Digital Water Simulation

城市排水管网模拟系统 Digital Water Simulation（简称 DS）是由北京清控人居环境研究院有限公司研发设计的一款基于 SWMM 和 GIS 技术的可视化建模与动态模拟评估工具，支持一维管网与二维地表的动态耦合模拟计算，完整反映排水管网整体运行负荷变化规律和城市内涝风险。该平台可以进行管网结构分析与现状诊断、城市地表水模拟分析、雨水管网溢流风险分析、管网规划方案模拟与优化、管网改造方案评估与优化、管道清淤风险评估分析、低影响开发措施效能评估等。该平台可以进行一维与二维动态耦合的内涝模拟评估以及基于动态模拟的规划设计，并能够进行多角度、多视图、动态的显示模拟结果输出。

城市排水管网模拟系统 DS 支持一维管网与二维地表的动态耦合模拟计算，支持多种类型降雨过程线的自动生成，能够实现多情景建模方案的对比，可为排水管网的规划管理、更新改造和内涝风险评估等提供决策支持平台。国内排水管网运行负荷具有偏高的特点，软件提供更多选择：管线过载倍数、节点溢流风险等特征参数的动态计算与可视化展示。在软件的设施编辑功能中可以导入 Excel、GIS、AutoCAD 等数据来源，可以通过 GIS 的空间分析功能进行设施的检查与校验。在模拟功能上，可以通过模拟参数编辑器（包括降雨编辑器、气象编辑器、入流编辑器、管渠编辑器、调蓄设施编辑器等）设置不同的模拟环境。该软件可以进行一维管网模拟、二维淹没分析等，可以生成并导出多种格式、多维空间的模拟结果。

城市排水管网模拟系统 DS 适用于城市管网现状诊断与评估、管网排水能力评估、雨水溢流分析、内涝风险评估、低影响开发措施效能评估等。

5. 鸿业 SWMM

鸿业 SWMM 是由鸿业科技公司以 AutoCAD 为平台与鸿业管线设计软件进行一体化开发的暴雨排水及低影响开发模拟系统软件,既可进行传统做法的模拟计算,也可用于低影响开发措施下的模拟计算,适用于城市国土空间规划、控制性详细规划、修建性详细规划等方面的低影响开发模拟计算,也可以进行管网、湖泊、河流、提升泵站一体化的模拟和内涝规划编制。软件能够满足年径流总量控制率降雨下的海绵城市设计,比如重现期降雨下的管渠设计、超标重现期下的内涝设计,为海绵城市全周期设计提供强有力的软件支撑。可应用于规划地块年径流总量控制率分解、城市道路海绵化设计、建筑与小区海绵化改造或新建的设计、城市内涝分析、地下管网校核评估改造以及水质分析等。模型可进行多维模拟并且可以输出包括图片、表格、海绵城市专篇报告等在内的多种文件。

鸿业 SWMM 软件能够进行重现期管网设计、内涝规划设计、海绵城市规划设计、低影响开发修建性施工图设计、水质模拟分析计算。该软件的降雨模型数据采用数据库管理,可以建立和维护常用地区的降雨模型,相关工程可方便调用。具有当前国内主要城市的暴雨强度公式库,可以按照内涝规划规范、根据暴雨强度公式自动生成暴雨模型。能够根据已有降雨模型自动生成降雨开始时间、延迟一定时间的降雨模型。能够根据一场特征降雨按照同倍比缩放的方法生成一场新降雨。具有符合国内海绵城市规范的 LID 设施库。LID 按照方案进行管理,可以建立不同地区或不同项目的 LID 方案,LID 设施库可以自主添加、修改和维护。能够建立污染物类型和常见用地类型库,并可自主添加、修改和维护。能够根据暴雨模型和地块下垫面参数计算地块径流系数,以满足控制性详细规划的需要。地块低影响开发措施可以按照面积输入,也可以按照百分比输入。具有自动绘制地块的低影响开发指标表等功能。鸿业 SWMM 软件适用于海绵城市规划、内涝规划、LID 规划设计模拟一体化等方面,特别在规划地块年径流总量控制率分解、城市道路海绵化设计、建筑与小区海绵化改造或新建的设计、城市内涝分析、地下管网校核评估改造以及水质分析等方面功能显著。

6. Simuwater 模型

城市水系统控制仿真模型 Simuwater 是由中国市政工程华北设计研究总院有限公司自主研发的分布式水文、水力、水质模型,能够实现汇水区、LID、城市雨污水管道、水体、泵站、调蓄池、湿地等水循环系统的连续动态仿真模拟。Simuwater 模型是对国内排水系统实际情况深入研究和长期探索的成果,是对现有排水系统运行模拟工具无法满足我国排水系统当下及未来使用需求的补充。通过多模型的耦合，实现了计算速度和预测可靠性的平衡，具有控制仿真模拟、人工智能优化、动态辅助设计等功能。可模拟降雨径流、面源冲刷、管网水力传输、污染物降解等，可设置控制规则，通过识别水系统节点或链接状态变量，动态调整水泵、堰等控制设施的启闭。主要应用领域为：海绵城市、排水防涝、黑臭水体治理等。Simuwater 模型旨在建立"辅助设计＋优化控制"两大核心功能，服务于规划设计阶段的建设方案、设施规模方案、运行策略优化比选，以及运行阶段的实时优化策略制定和执行。该软件创新实现了国内三个"第一"：第一个集机理和概化模型于一体的多原理混合架构模型，第一个实现"源—网—厂—河"水量和水质耦合模拟的多要素集成模型，第一个可用于水系统辅助规划设计和实时智能控制的多用途模型。

1）采用动态实时的机理模型与概念模型的耦合方式（串行、并行、组合式），兼具机理模型高模拟精度与概念模型快速运算的优势，为模型搭建提供全新方式。

2）采用高精度的线性化、非线性化简化方式（马斯京根法、非线性水库法、低阶龙格库塔法等）计算产流和传输过程，替代圣维南方程的复杂迭代算法，实现模型的高速运算与可靠模拟。

3）采用设施集约化参数模拟，取代传统机理模型多参数输入的复杂性，避免异参同效效应的不确定性，适应绝大多数系统的快速建模。

4）采用"目标设定＋模拟分析"的方式，快速分析单体级、设施间以及系统匹配性，为不匹配的设施制定低成本的改造方案；分析实时控制的可行性，为排水系统实时控制提供改造方案、在线监测布点方案和基础的控制规则。

5）实时对比模拟数据与监测数据，及时发现源—网—厂—河系统各设施的异常运行状态，辅助相关人员及时排查故障隐患，化"事后补救"为"事前预防"。

6）采用先进成熟系统级优化算法（遗传算法、蒙特卡洛算法、种群动力学算法等），结合监测数据和状态预测，制定系统内所有可控设施的最佳运行策略，实现设施级和系统级的优化调度控制目标。

1.3 城市雨洪模型应用

1.3.1 低影响开发设施效果模拟研究进展

低影响开发理念和体系的不断发展，使得对 LID 设施的效果分析也不再局限于现场采样监测，可模拟 LID 效果的城市雨洪模型逐渐被开发和推广。例如，Villarreal 等人对不同重现期下 LID 设施的效果进行人工模拟，发现绿色屋顶能明显降低屋面径流量；孙艳伟运用SWMM、RECARGA模拟了该区城市化及LID设施的生态水文效应，分析了生物滞留设施的设计要素对其径流调控性能的灵敏度，探讨了最佳雨洪管理措施与LID设施的不同生态水文效应；傅新忠运用PC-SWMM对研究区域的设计雨洪过程进行了模拟分析，验证了在缺少实测数据的情况下，以综合径流系数为目标函数对模型参数率定和验证方法的可行性；Brown等人利用DRAINMOD对LID设施的水文运动进行了模拟；Brath等人通过水文模型评价了用地类型改变对城市洪灾频率的影响；Boughton总结了利用水文模型长期模拟结果评价设计洪灾的方法；Kim等人对公路路面降雨径流进行了模拟；Gary用SWMM分析了纽约市屋顶绿化对雨水管理效果的影响。

  随着对LID设施效能模拟范围的不断扩展，模型对LID设施的内部处理过程展开了相关研究。例如，Alfredo等人用SWMM模拟了不同降雨强度下不同厚度绿色屋顶的水文特点，得出绿色屋顶的径流系数范围为0.2～0.7；Barco等人研究了SWMM参数的敏感性得出，敏感性最高的参数是汇水区不透水率和不透水区地表洼地蓄水量，最不敏感的参数是曼宁系数；侯爱中等人用SWMM对北京市奥林匹克森林公园内下凹式绿地和蓄水池两种措施条件下的排水管道峰流量变化进行了模拟分析，结果表明下凹式绿地和蓄水池可以有效削减洪峰量，推迟峰值出现时间；晋存田等人利用SWMM对下凹式绿地和透水砖在不同重现期下的峰流量、径流系数、峰流量滞后时间的影响进行了模拟分析，结果显示下凹绿地和透水砖均能减少峰流量和径流系数，但下凹式绿地在降雨频率较大的地区雨水管理效果好，透水砖则在降雨频率较小的地区雨水管理效果较好；李岚等人利用SWMM模拟了天津市某小区开发前后的区域出口流量过程线，并评价了调蓄池和下凹式绿地对小区内雨水径流的影响情况，结果表明调蓄池和下凹式绿地可以同时削减峰流量，推迟峰值出现时间，提高雨水利用率；赵冬泉等人采用SWMM结合Huff方法对独立排水系统进行了模拟，并用实测数据对模型进行率定，结果显示SWMM能较好地反映研究区域内雨水排除系统的服务性能，为区域防洪排涝和雨水管网的更新、改造与维护提供了决策支持；王雯雯等人利用SWMM对LID模式的水文效应进行了模拟评估，结果表明城市化后流域的洪峰流量显著增大、洪峰时间提前、径流系数变大，铺设透水砖和采用下凹式绿地均可有效缓解雨水管网的排洪压力、削减洪峰流量、减小径流系数，二者组合实施可以更好地发挥控制流量的作用，增加雨水资源的利用量；王文亮等人利用SWMM对LID设施的雨洪控制效果进行了模拟，对设计场降雨事件及连续降雨事件的模拟表明，场地LID雨水系统设计可实现峰值流量及年径流外排率恢复到开发前的状态，LID 设施对污染物的削减效果显著。

1.3.2 基于模型模拟的规划设计优化

在对 LID 设施的研究和深入理解的同时，众多学者和规则设计人员展开了基于模型模拟的规划设计优化。例如，Yu 和 Zhen 等人用 AGNPS 模拟场地、汇水区、子汇水区 3 种区域水平的 LID 设施的运行效能，并提出了单位污染负荷削减成本最低的优化方案。工程设计人员在选择和设计 LID 设施时，面临着如何从大量的 LID 设施中选择最优化措施的问题，Kevin 等人采用层次分析法选择了 LID 设施，并建立了以模拟结果为基础的决定支持系统，对 LID 设施的设计方案进行了成本比较。王哲等人利用 MIKE 21 对金仓湖 7 种不同设计方案的景观调蓄水体流场进行了模拟，优化了设计方案，并对调水时金仓湖的水质变化规律进行了预测和分析，为金仓湖的设计和管理提供了科学依据；唐颖利用 SUSTAIN 对研究区域进行了 BMPs 的综合控制与管理规划，给出了最优的降雨径流管理设计方案。

1.3.3 基于模型模拟的产汇流规律研究

低影响开发系统是海绵城市的重要构建组成。LID 设施易受施工、现场条件等各类因素的影响，各类设施对径流体积、径流污染等目标的控制能力存在着不确定性和随机性，其对径流水量、水质的控制效果直接体现海绵城市建设的成效。低影响开发应用的实际运行效果受内部因素（设施规模、类型、填料等）和外部因素（降雨特征、气温、维护等）共同影响。杨冬冬等人以天津居住小区为例，借助 ArcGIS 和 SWMM 探讨了不同降雨强度下分别具有网格型、尽端型、环网型、环尽型道路布局模式特点的居住小区产汇流规律，并以此为依据提出以雨洪韧性导向为目标的居住小区道路系统布局优化策略；宋新伟等人通过分析总结 SWMM 模型的降雨径流水文概念模型、子汇水区产流模型和汇流模型，结合模型原理提出参数赋值建议；李阳等人运用 SWMM 模型研究了不同重现期降雨条件下不透水率与城市地表产汇流的关系，结果表明不透水面积的增加使区域径流量增多、洪峰流量增大、峰值时间提前；Zhang 等人运用 SWMM 模型，模拟了不同城市化程度和不同城市化模式的子流域各降雨事件期间的地表径流，结果表明无论空间格局和降雨水平如何，透水覆盖层的增加与径流的减少显著相关。

1.3.4 模型构建的不确定性分析

影响水文过程的因素包括气候、降雨、地形、地貌、植被等。在实际情况中，往往既不能很准确地取得水文资料,也不可能获得类似降雨过程、蒸发、下渗等可靠的变化值。因此,城市雨洪模型的概化给模拟结果带来了诸多不确定因素。国内外学者对此进行了分析和研究,模型的不确定性来源主要包括模型输入的不确定性,模型参数的不确定性,模型不确定性的综合评价,以及模型结构的不确定性。

模型输入的不确定性是影响模型能否正常运行的关键因素之一,模型的空间输入数据[以 SWAT 为例,包括数字高程数据(DEM)精度及栅格大小、子流域划分数目、土壤与土地利用数据精度、气象站点的空间分布]这些对流域相关特征的描述是否准确决定着水文模拟的结果。Cho 等人在美国新泽西州的 Broadhead 流域,通过 SWAT 模型针对不同比例尺的 DEM(比例尺分别为 1∶24000 和 1∶250000)对产流的影响进行研究,研究结果表明利用比例尺为 1∶24000 的 DEM 作为模型的输入数据,模型的产流量较利用比例尺为 1∶250000 的 DEM 的产流量更高,汇流时间较长,Cho 等人认为形成这样结果的原因在于比例尺为 1∶250000 的 DEM 提取出的坡度较缓。此外,DEM 的分辨率对流雨参数的提取也存在一定影响。吴军等人在研究比例尺为 1∶250000 的 DEM 数据下不同栅格大小(60m×60m、120m×120m、250m×250m、500m×500m 和 1000m×1000m)对流域特征参数和产流的影响时发现,DEM 分辨率高的要比 DEM 分辨率低的平均径流量稍大,分辨率的降低造成模拟的峰谷被均化。胡连伍等人在丰乐河流域研究了不同子流域划分层次对 SWAT 模型模拟结果的影响,研究结果表明不同子流域对模拟结果的影响存在上、下限两个阈值,高于上限时会导致模拟失真,低于下限时模型难以满足流域规划与管理对空间数据的要求。Cotter 等人研究发现土地利用的精度对产沙量、NO_3–N 和 TP 的模拟存在着较大的影响。Lopes 和 Chaubey 等人的研究结果表明分布式水文模型的径流和泥沙预测在较大程度上受降雨空间不均匀性的影响。

模型参数的不确定性分析是水文模型不确定性研究的重要内容之一。目前应用较为广泛的水文模型参数识别方法是普适似然函数不确定性评估方法,即 GLUE 方法。GLUE 方法是 Beven 等人提出用于估计水文模拟中的不确定性的方法,认为导致模型模拟结果好与坏不取决于模型的单个参数,而是模型的参数组合。目前已有研究者将 GLUE 方法应用于 TOPMODEL、SWAT 和暴雨管理模型(SWMM)不确定性分析中。李胜等人将 GLUE 方法应用到新安江流域水文模型的不确定性分析中,结果表明,模型参数存在"异参同效"现象。余香英等人将改进的 IHACRES 模型与 GLUE 方法相结合提出了资料缺乏区域降雨径流的分析方法。刘艳国等人采用 GLUE 方法建立了多准则似然判据,对碧流河水库洪水预报的不确定性进行了研究，结果表明多目标似然准则能更好地反映模型的实际不确定情况，对模型参数的率定和不确定性研究具有重要意义。Mannina 等人应用 GLUE 方法评价综合城市排水模型及其主观假设的不确定性，结果表明可接受阈值的选择和建模人员的经验对不确定性分析是非常重要的。

模型结构的不确定性是指模型结构与真实水文过程之间的差异。针对模型结构不确定性的研究方法主要为贝叶斯模型平均方法（BMA）和基于数据驱动的结构误差统计学方法。Parrish 等人将粒子滤波算法（PF）与贝叶斯模型平均方法（BMA）结合来减小模型结构误差，在不同的水文变化率上对不同的 BMA 策略进行了比较分析。Rojas 等人结合 GLUE 和 BMA 方法评估模型预测中因模型结构产生的不确定性。数据驱动法（DDM）主要使用某种统计模型来拟合模型结构误差。Xu 等人采用完全贝叶斯方法，将高斯过程误差模型集成到地下水流量模型的校准、预测和不确定性分析中，研究结果强调了明确处理模型结构误差的重要性，特别是在后续决策和风险分析需要准确预测和不确定性量化的情况下。Demissie 等人对一个地下水流数值模拟案例进行模型结构不确定性分析，结果表明通过 DDM 进行结构误差统计分析能提高模型预测能力。钟乐乐等人采用高斯过程回归方法对地下水模型结构误差进行统计模拟，结果表明考虑结构误差之后能够明显减少参数识别过程中的参数补偿影响，且能显著提高模型的预测性能。

第 2 章 模型选择及建模流程

2.1 模型选择

综合利用模型模拟技术，可在规划设计阶段实现目标自上而下的层级分解，在项目实施阶段实现运行情况自下而上的统计反馈，为海绵城市建设的系统规划、建设实施、运营维护和高效管理提供全过程技术支持。通过在实践中积累模型基础数据和应用经验，不断推广模型在工程规划设计、效果评估中的应用。

模型模拟分析内容主要包括年径流总量控制率、流量过程线、污染物控制能力、管网排水能力、内涝防治能力、调蓄设施规模优化和河湖水系调蓄及行泄能力，能为海绵城市区域规划设计管理提供科学的技术支持。模型模拟分析还可以在系统化方案设计过程中进行方案比选，选择适宜的水量、水质模型开展径流、污染物、管网及河道排水能力的评估，对形成的不同组合方案进行模拟，根据不同方案对水量、水质控制的效果及占地与价格等因素，确定最佳方案。通过对突发水污染和暴雨内涝事件的实时计算，为城市管理者提供决策支持。在气象部门发出预警信息时，实时调用已搭建好的地表漫溢模型与河湖水系水质模型进行模拟计算，预测城市内涝及河湖水系污染情况。

在进行模型选择时，应根据不同模拟需求、控制指标和模拟空间尺度，合理选择不同类型的模型。

按照不同模型需求可对模型进行有针对性地选择。涉及模拟地表漫溢积水过程的模型，应当能够整合地面高程数据文件，具备处理地面模型的工具，能够按照要求设定地面模型网格的疏密程度，演算水流过程。涉及模拟管道和河道（明渠）过程的模型，应能够模拟重力流、压力流流态，能够反映回水影响，体现河道水位顶托效应，模型应当具备模拟附属构筑物水流状况的功能，包括调蓄池、溢流、截流管道，以及泵站、堰、闸孔等，此外还应具有多样化的模拟结果动态展示功能，直观查看模拟结果。模拟面源污染过程的模型，应能够模拟面源污染物在非降雨时期的累积、清扫，降雨时期的冲刷或溶解过程，常见下垫面类型的污染物转输迁移过程的差异。

针对不同控制指标，如年径流总量控制率、污染物削减率和内涝风险评估等合理选择不同模型。对年径流总量控制率的模拟计算需要用到水文模型、水动力模型和LID设施模型，通过排口或排水单元节点处流量数据计算年径流总量控制率；对污染物削减率的模拟计算需要采用水文模型、水动力模型、水质模型和LID设施模型，通过水质模拟结果可分析各污染物的累积、冲刷、迁移以及处理的过程，并可通过模拟预测城市雨水径流面源污染情况。对于内涝风险分析与评价，需采用水文模型、水动力模型和LID设施模型。通过输出管道充满度、溢流节点数量评价现状管网排水能力，通过地面的积水范围和水深的时空变化表征内涝风险。

模型按不同空间尺度可分为流域模型、汇水分区模型和排水单元模型。流域模型模拟的主要对象包括城镇河湖、排水主干管渠、关键水利设施、调蓄设施、泵站等工程设施及主要排口，常用的流域模型包括 Soil and Water Assessment Tool（SWAT）、Generalized Watershed Loading Function（GWLF）、Agriculture Inon-point Source（AGNPS）、Hydrological Simulation Program Fortran（HSPF）等；城市汇水分区模型模拟的主要对象包括片区内的河湖水体、排水管渠、水利设施、调蓄设施、泵站等工程设施及分区排口，常用的汇水分区模型包括 SWMM、InfoWorks ICM、Mike Urban 等；排水单元模拟的主要对象包括地块内的 LID 设施、排水管线、排口等全部雨水设施，常用的排水单元模型包括 SUSTAIN、RECARGA 等。

2.2 模型构建

2.2.1 模型构建步骤

城市雨洪模型模拟一般分为6个步骤，主要包括确定建模目的、收集建模所需数据、模型构建、参数敏感性分析、参数率定验证及模型应用，城市雨洪模型模拟步骤示意图如图2-1所示。

2.2.1.1 确定建模目的

模拟的预期用途包括用于片区（如流域、汇水分区、排水单元）规划、项目设计、规律研究、效果评价等。针对城市国土空间规划和分区规划，可通过模型模拟为整个城市流域提供全面评估，包括评估防洪排涝能力（河道行洪能力及管道排水能力）、识别内涝风险点，分析主要排口流量及水质特征，评估地表水体水质达标情况。针对特定汇水分区专项规划和研究，可通过模型模拟确认汇水分区内的水安全及水环境问题，包括评估内涝积水状况、不达标管段、合流制系统溢流井和其他附属构筑物的水力特性、排口水量和水质特征及分区内河湖水体的水质达

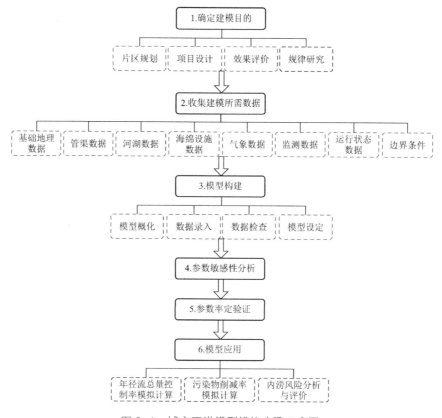

图 2-1 城市雨洪模型模拟步骤示意图

标情况。针对详细研究、计划评估和方案详细设计,可通过模型模拟对 LID 设施、排水管线、排口等全部雨水设施的水量和水质情况进行评估。

2.2.1.2 收集建模所需数据

基础数据的收集和整理是模型构建的基础,具有重要的意义。在模型构建之前,首先需要对基础地理数据、排水管网数据、河道数据、LID 设施数据、降雨数据和监测数据等基础数据进行广泛的收集整理,从而为后续模型构建过程中的属性数据设置、拓扑关系检查及修正等关键步骤提供必要的数据支持。

只有基于真实的地形、用地、排水管网属性数据与网络拓扑结构进行模型构建,依据真实监测数据进行模型参数率定和验证,才能使建立的模型正确反映城市水系统的运行规律,为海绵城市规划和设计提供可信的科学依据。

1. 基础地理数据

基础地理数据包括屋面、绿地、道路、水体等用地类型数据、土壤类型数据、地面高程数据、遥感影像,以及 LID 设施的位置、尺寸等。下垫面数据的作用包括识别粗糙系数、坡度、洼地蓄水量、下渗能力、LID 设施的调蓄能力等。主要来源包括测绘地形图、土地利用现状图或规划图等。在基础地形数据不够完整时，可以使用高分辨率的航拍图、卫星数据、遥感影像数据等资料，在同一坐标参考系下与排水管网数据进行空间叠加，依此计算集水区下垫面参数。此外，LID设施建设情况根据其竣工图/施工图，与下垫面数据进行空间叠加。

地面高程数据的精度应根据模型类型确定，其中精细模型的地面高程数据的精度宜按 5m×5m 控制，比例尺最小不宜小于 1∶1000，汇水分区模型比例尺不宜小于 1∶2000。

2. 管渠数据

管渠数据包括排水管渠、泵站调蓄池及附属构筑物等的属性数据信息，还包括排水管网运行状态、合流制管网区域人口数量及污染负荷。管网高程数据需与地面高程数据使用同一坐标系。

市政排水管网数据可采用最新的管网普查数据，根据实际情况增补普查后新建、改建管线的竣工资料数据。对于缺失或可疑的数据经现场踏勘补测获取。

数据录入模型后，应对排水管网的水位和流量监测数据进行适用性评估，包括对缺失数据、错误数据、奇异数据的核查和修正，并对数据质量进行等级评估。

3. 河湖数据

河湖数据包括河湖属性、涵洞、闸坝和排涝泵站等相关资料。

河湖属性资料主要包括河湖几何形态、河湖底高程、河湖床糙率及水文资料。河道几何形态主要指河道纵向和横向平面形态和尺寸、横断面形状和尺寸；河湖底高程数据主要体现河湖床纵向坡度陡缓的变化，即河床比降，来反映河道水流缓急状况；河湖床糙率是反映河湖床粗糙程度对水流阻力影响的重要参数；水文数据主要用于模型初始条件和边界条件的确定，以及后期模型参数的率定和验证。

涵洞、闸坝和排涝泵站等工程资料包括涵洞、闸坝的几何尺寸、运行水位、流量曲线、水闸启闭方式。

4. 海绵设施数据

海绵设施数据包括设施的类型、布局及相关设计参数。

设施类型是指模型中预定义的设施种类，或其他改变若干参数即可模拟的设施；设施布局是指 LID 设施的位置、数量和单个设施规模；设施设计参数包括 LID 设施的介质层厚度、入渗系数、污染物浓度去除效率、各纵向结构深度。

5. 气象数据

气象数据主要包括设计降雨和实测降雨数据。

1）设计降雨用于确定各类 LID 设施、雨水（排水）管网的尺寸，降雨时间间隔一般为 5min，设计降雨过程线采用本地雨型，包括不同重现期的降雨过程线。短历时降雨过程线主要用在基于峰值流量控制设施计算和评估，分析 LID 设施的径流控制效果、雨水（排水）管道的排水能力和超载等情况；长历时降雨过程线主要用于评估区域内涝风险或大型调蓄池设施的规模和运行状况等。

2）实测降雨包括短期实测降雨和长期历史降雨。短期实测降雨资料用于校验模型参数，降雨时间间隔一般可取 1～5min；长期历史降雨用于评价低影响开发雨水系统径流总量控制率及污染负荷削减的长期运行能力，降雨时间间隔以 1～5min 为宜，最长不应大于 15min。

若收集的降雨数据中有不同的雨量计数据，则相邻雨量计测得的降雨数据宜满足以下要求：

（1）相邻雨量计测得的降雨总深度变化不超过 20%。

（2）相邻雨量计测得的降雨峰值时间偏差不超过 15min。

（3）相邻雨量计测得的降雨连续峰值时间间隔偏差不超过 10%。

（4）相邻雨量计测得的平均峰值暴雨强度偏差不超过 30%（峰值附近 6min 范围内强度的平均值）。

如果某个雨量计的数值有明显的错误时应将其剔除。多个邻近雨量计数据均有效时，可根据雨量计位置划分服务范围（泰森多边形），相应范围内集水区采用对应雨量计数据模拟。

3）降雨数据符合下列要求：

（1）评估径流峰值流量控制相关设施时，应使用短历时设计降雨和实测降雨数据，且数据间隔不应大于 5min。

（2）评估雨水径流总量控制相关设施和区域内涝风险时，宜使用长历时设计降雨和实测降雨数据，且数据间隔不应大于 15min。

（3）实测降雨数据包括不同降雨历时的降雨事件。

蒸发在长历时模拟（模拟时间在 1 年以上，如模拟年径流总量控制率及污染负荷削减率）时予以考虑，推荐采用月均值。

6. 监测数据

监测数据主要用于模型参数率定和验证时与模拟值进行比对。水量数据包括模拟项目的外排口、关键管渠节点、LID 设施的入流口、溢流口等处的水位、流速和流量等。水质数据包括上述各处的 SS、COD 浓度等。

对于水质和水量的监测指标包括：

1）液位、流速和流量等水量监测指标。

2）水质指标监测一般为 SS，可根据需要增加 COD、NH_3-N、TP 等指标。

7. 运行状态数据

运行状态数据包括排水管渠、泵站、水闸及 LID 设施运行监测数据。

1）末端调蓄设施及其附属构筑物类型和参数包括：调蓄池尺寸、结构和泵站，以及各台泵、闸、堰等的运行模式和切换原则。

2）用于参数率定和模型验证的资料，通常包括系统出现的冒溢、积水、内涝等情况，可收集集水区内的历史冒溢、积水记录（不包括临时堵塞引起的积水），辅助确认积水发生的地点和频率；也可通过现场调查，获得更多信息。

8. 边界条件

边界条件包括外部入流和末端出口水位资料，并符合下列要求：

1）进行管道能力评估模拟分析时，管道模型下游边界条件应按照自由出流考虑。

2）进行内涝风险分析时，管道模型下游边界条件应按实际情况扩展纳入末端调蓄设施的运行状况，或按规划设计要求进行设定。

入流资料包括上游转输、地下水入渗等；出口水位包括模拟范围下游出水口的水位值或水位过程线。

在泵站的实际运行中，出于节能等方面的考虑，许多泵站会采用高水位运行的模式，应对排水泵站进行论证或实地调研。

应对收集的数据进行检查，主要包括：甄别数据异常值，并进行剔除或修正；检查验证系统拓扑关系；针对不能补测的缺失数据，进行数据合理性推断。

2.2.1.3 模型构建

模型构建包含模型概化、数据录入、数据检查和模型设定。

模型概化有助于减轻数据收集的工作量、提高模型运行稳定性，进而减少运行时间。对研究区水文地质条件进行合理的概化，使概化模型能够反映研究区域的实际情况，又能够代入模型工具进行计算。应根据模型尺度及应用目的，确定模型概化范围、内容和程度。在区域及汇水分区尺度上，可简化雨水算子，仅采用检查井进行模型构建。可不考虑对模型模拟结果影响小的管段，也可以合并管径、坡度和粗糙系数相同或相近的管段；对于排水单元模型，模型范围内全部雨水算子及检查井都应包含其中，不可概化。应对删除的管道和检查井等设施的蓄水容积进行补偿，不应简化地势低洼点附近的模型节点。

通过 ArcGIS 和 AutoCAD 等软件将收集的下垫面数据、地面高程数据、市政管网、河道数据等相关数据与相应的 shape 文件属性进行邻近匹配，为后期模型导入提供数据支持；将生成的 shape 文件导入模型，依据汇水分区划分，细化为子汇水分区，基于研究区内海绵改造的方案将子汇水区内的 LID 设施概化为 SWMM 中"LID Controls"涵盖的设施，采用直接在子集水区内导入 LID 设施的方法，进行海绵改造后模型的搭建。其中 LID 效果的概化方式一般分为两种，一种是在子集水区中加入一种或多种LID设施，每种设施处理一定比例的硬化面积且不互相影响；另一种是直接将子集水区设置成为单一的LID设施，允许上游的子集水区产生的径流汇入，此种方式适合场地面积小且LID设施分布位置明确的模拟研究。

数据录入需在汇水分区的基础上，根据地形、地貌、地表覆盖情况、雨水管渠布局等资料，确定最小计算单元的相应参数。集水区划分和集水区总面积、用地性质、不透水面积、连接管段等参数确定的方法为：

1）确定计算单元与出水管段之间的关系，并绘制在地理信息系统或平面图上。现状管网模型应根据实际管网布局确定，也可参考竣工图纸；规划模型可以根据规划管网条件概化相应的出水管段。

2）结合地理信息系统数据，计算或在平面图上测量每个计算单元的总面积和不透水面积。

数据检查需建立数据修改、增补、删减的日志，可保证数据来源的可跟踪性和数据的可信程度，并可追踪数据源头。

边界条件包括外部入流和末端出口水位资料。具备条件时应当同步建立排水管网模型和河网耦合模型，将边界水位（过程线）实时反馈给每个自排口。不具备条件时，可以分别建立排水管网模型和河网水系模型，将排口与边界水位（过程线）进行匹配。如无法建立河网水系模型，应当根据河道长期观测的水位变化数据和当地河网水位调度规则及调度经验，选择与模拟降雨事件（包括降雨重现期、降雨历时、雨峰位置等参数）基本匹配的边界水位（过程线）。

2.2.1.4 参数敏感性分析

模型参数多达数十到数百个，复杂的水文模型可能会更多，为定量评估各参数的影响进而提高模型优化和率定的效率，模型不确定性问题成为水文研究中的重点，也是支撑水文模拟技术进一步发展的基础性研究。模型不确定性问题的主要研究方法包括参数敏感性分析、信息熵、洗牌复形演化算法（SCE-UA）和普适似然度法（GLUE）等。通常情况下，在模型参数率定和验证之前要对参数进行敏感性分析，确定敏感参数。参数敏感性分析是通过改变模型参数的初始值，来识别该参数对模型输出结果重要性的一种方法。通过对参数进行敏感性分析，确定参数对模型结果影响程度，全面掌握各项参数的重要性。对模型结果影响大的参数，需要精确地校准，对模型结果影响小的参数，可以通过经验及实际情况取值。参数敏感性分析是模型构建过程中的一个关键环节，敏感性分析可以识别出参数的灵敏性大小，但是无法量化不确定性大小，所以在敏感性分析之后仍需要进一步开展不确定性分析。

第2章 模型选择及建模流程

一般而言，水文模型参数敏感性分析主要包括以下几个环节：

1）确定合适的参数及其取值范围

确定模型参数及其取值范围是敏感性分析的首要工作。诸多水文模型参数缺少明确的物理意义，往往不能确定模型参数的取值范围，而模型参数的取值范围将直接影响到模型参数评价的结果，可通过分析不同取值范围对结果的影响程度来判断参数的敏感性。

模型模拟需要降雨数据、汇水区出口流量和水质等资料。根据研究区域相关研究资料，初步确定各函数的参数值。水量参数包括不透水地表曼宁值、透水地表曼宁值、不透水地表洼地蓄水深度、透水地表洼地蓄水深度、无洼地蓄水的不透水地表百分数、坡度等。入渗模型可采用霍顿下渗公式（2-1）计算入渗量。

$$f(t) = f_c + (f_0 - f_c)e^{-Kt} \quad (2-1)$$

式中 f_c——稳定渗透率，mm/h；

f_0——初始渗透率，mm/h；

K——衰减常数，1/h；

t——时间，h。

2）选择适当的参数抽样方法

一般不同的分析方法往往有相对应的参数抽样方法，如 Morris 分析法对应 Morrisone-at-time 抽样法。抽样方法的选择需要考虑抽样的覆盖性和可靠性，研究结果显示准随机序列抽样和拉丁超立方抽样是较佳的选择，被广泛地应用在敏感性分析中。

3）生成模型评价样本及运行模型程序

模拟计算是模型参数敏感性分析最核心的环节，也是最耗时的环节。针对目前模型的复杂性以及计算需求的不断增加，如何高效地完成模型计算吸引了越来越多的关注，如采用高性能计算机、开展并行计算以及简化模型计算等。

4）构建模型参数敏感性分析数据集

此外，如何选择合适有效的方法进行分析是模型研究的一个重要工作。一般认为参数敏感性分析的执行效率与参数个数有着密切的关系，通常参数个数越多，执行效率就会越低，因此首先需要采用一些手段来降低参数维数，为参数下一步分析提供基础。当参数个数较多时更适合采用筛选法，其次是回归分析法，最后才是方差分解方法。因此可以采用一些手段，降低参数维数，为参数下一步分析提供基础。最常用的参数敏感性分析框架方法就是在定量分析之前，采用一些定性分析或筛选方法来确定相对重要的参数或影响较大的因素。现在有些研究针对各种分析的优势，提出一些多方法的综合分析或多方法集成应用，如 Morris 方法与 Variance-based 方法的集成应用最为常见。

5）选择敏感性分析方法分析模型参数敏感性并输出评估结果

参数敏感性分析常用的方法为筛选分析法、回归分析法、基于方差分解的分析方法和基于代理模型技术的分析方法。

最常用的筛选分析方法是修正的摩尔斯筛选法，即为单一变量法，通过一个自变量以固定变化量，经过多次参数变化后，得到该参数摩尔斯系数的平均值，该系数平均值即参数敏感度值，可定量评价参数敏感度的高低。其摩尔斯系数的平均值计算公式如下：

$$S = \frac{\sum_{i=0}^{n-1} \frac{\frac{Y_{i+1}-Y_i}{Y_0}}{P_{i+1}-P_i}}{n-1} \quad (2-2)$$

式中 S——摩尔斯系数的平均值；

Y_i——模型第 i 次运行输出值；

Y_{i+1}——模型第 $i+1$ 次运行输出值；

Y_0——参数初始值模型计算结果初始值；

P_i——第 i 次模型运算参数值相对于参数初始值变化的百分率；

P_{i+1}——第 $i+1$ 次模型运算参数值相对于参数初始值变化的百分率；

n——模型运行次数。

研究一般采用5%或10%的固定变化量对某自变量参数进行变换，使变量在该自变量参数初始值的70%～130%范围内变化，其余参数保持不变，通过修正摩尔斯筛选法公式计算该自变量摩尔斯系数的平均值。修正摩尔斯筛选法适合参数较多的复杂模型，优点是计算量较小，应用简单，在确定模型各个参数灵敏度大小排序时可以冻结敏感性小的参数，选择敏感性相对较大的参数进行分析。不足是无法给出定量结果，只能给出定性判断。

回归分析方法是目前常用的敏感性分析方法之一，已建立了标准回归系数 Standard Regression Coefficients（SRC）、偏相关系数 Partial Correlation Coefficient（PCC），相应的秩变换 Standardized Rank Regression Coefficient（SRRC）和 Partial Rank Correlation Coefficient（PRCC）等多种评价指标。一般而言，SRC 适用于不相关的参数，SRC 和 PCC 适用于线性关系，而相应的秩变换指标则适用于非线性但单调的输入输出关系。回归分析方法的优点是应用简单方便，能在所有输入同时影响输出的情况下，分析单项输入敏感性，同时能够描述输入输出间的关系。不足之处是该方法无法有效分析非单调模型，也无法将结果转换到原模型中，用于非线性关系或非单调关系时往往效果较差。

基于方差分解的分析方法通过判定各个因素的方差贡献率来估计参数的重要程度，其基本理论是方差分解理论。作为全局性分析方法，基于方差分解的Sobol方法、FAST方法和扩展FAST方法能够给出各因素的定量评判结果。基于方差分解的分析方法的优点是应用较为广泛，允许输入因素在整个取值区间变化，可考虑输入因素极端情况下对输出的影响。不足之处是当输入因素较多时该方法计算量相对较大，应用较为复杂。

基于代理模型技术的分析方法是近年来发展起来的一种敏感性分析方法，响应曲面法（response surface method，RSM）是基于代理模型技术最常用的方法，RSM方法将初始模型替换为一个简单模型，得到输出与单个或多个输入之间的关系，在尽可能保证模型基本特征的同时降低了模型计算的时间消耗。响应曲面法的优点是适合模拟次数较多且计算消耗时间较长的模型评价，不足之处是模型需要进行多次拟合和校正，且相较于原模型，大部分分析仅包含少数重要参数，而其他参数在响应曲面中很难得到反映。

2.2.1.5 参数率定和验证

模型构建完毕后，需要进行模型率定，通过与实际情况进行比较，确定模型中各参数取值，从而使模型能够更加准确。雨水模型中所涉及的参数可分为确定性参数和不确定性参数两类。确定性参数通常是管长、管径等几何参数，可通过GIS工具和相关数据提取获得较真实的数值，在模型构建的过程中可直接使用而不需要率定；对于不确定性参数，通常无法通过测量手段得到其准确值，也有可能由于相关资料缺失而导致无法提取。在初步构建雨水模型并对获得的监测数据进行整理与分析后，可通过研究区域的大量相关数据，结合经验进行参数取值范围的设定，并对模型中的不确定性参数进行参数率定和验证，以使模拟结果更加接近真实情况。

模拟结果误差的主要来源有模型本身的缺陷或限制条件、模型概化误差（尤其是一维模型）、模型参数的错误估值以及信息不足带来的误差等。为了使模拟结果能够较为真实地反映出研究区域的情况，需要率定模型参数。

参数率定是指通过调整参数使模型拟合实测资料达到最好。参数验证是指选择独立于参数率定选用的实测数据，评估模型准确性的过程。

模型参数率定验证所需的数据主要包含监测点位置、降雨数据、断面水量数据（流量、流速、水位等）、水质数据（SS等水质指标）。

参数率定过程中遵循了以下原则：首先率定水量参数，然后率定水质参数，因为水质的变化是随着水量的改变而变化；模型参数率定过程中，先微调敏感性高的参数,再调整敏感性低的参数。每次调整后进行一次模拟,计算相关系数的平方(R^2)、Nash-Sutcliffe 效率系数(E_{NS})、偏差百分比($BLAS$)和均方根误差($RMSE$)等指标评价模型的模拟效果。

1. 相关系数的平方

相关系数的平方是描述两个变量之间相关性强弱的指标,以流量为例,R^2 通过下式计算:

$$R^2 = \left\{ \frac{\sum_{t=1}^{N} \left[(Q_{\text{sim},t} - Q_{\text{avs}}) \times (Q_{\text{obs},t} - Q_{\text{avo}}) \right]}{\sqrt{\sum_{t=1}^{N} (Q_{\text{sim},t} - Q_{\text{avs}})^2} \times \sqrt{\sum_{t=1}^{N} (Q_{\text{obs},t} - Q_{\text{avo}})^2}} \right\}^2 \quad (2-3)$$

式中　N——实测数据的数量;

$Q_{\text{obs},t}$——t 时刻实测流量序列;

$Q_{\text{sim},t}$——t 时刻模拟流量序列;

Q_{avo}——实测流量过程的均值;

Q_{avs}——模拟流量过程的均值。

R^2 介于 0 与 1 之间,值越大表示模拟效果越好。

2. Nash-Sutcliffe 效率系数

Nash-Sutcliffe 效率系数(E_{NS})是用来评价模型模拟精度的指标,以流量为例,具体公式为:

$$E_{NS} = 1 - \frac{\sum_{t=1}^{N} (Q_{\text{sim},t} - Q_{\text{obs},t})^2}{\sum_{t=1}^{N} (Q_{\text{obs},t} - Q_{\text{avo}})^2} \quad (2-4)$$

式中　N——实测数据的数量;

$Q_{\text{obs},t}$——t 时刻实测流量序列;

$Q_{\text{sim},t}$——t 时刻模拟流量序列;

Q_{avo}——实测流量过程的均值。

E_{NS} 值在 $-\infty$ 与 1 之间,E_{NS} 值越大表示模拟效果越好,当 E_{NS} 值小于 0 时表示模拟精确度较差。

3. 偏差百分比

偏差百分比($BLAS$)表示参数估计期内模型模拟的数据序列对同期观测数据序列的偏离程度,其值越小,模型的拟合效果越好。

$$BLAS = \frac{\sum_{t=1}^{N} |Q_{\text{sim},t} - Q_{\text{obs},t}|}{\sum_{t=1}^{N} Q_{\text{obs},t}} \times 100\% \quad (2-5)$$

式中　$BLAS$——偏差百分比;

　　　N——实测数据的数量;

　　　$Q_{\text{obs},t}$——t 时刻实测流量序列;

$Q_{\text{sim},t}$——t 时刻模拟流量序列。

4. 均方根误差

均方根误差（$RMSE$）是最优化问题中应用最为普遍的目标函数，目标函数的数值越小，模型的拟合效果越好。

$$RMSE = \sqrt{\frac{1}{N}\sum_{t=1}^{N}\left(Q_{\text{sim},t} - Q_{\text{obs},t}\right)^2} \qquad (2\text{-}6)$$

式中　$RMSE$——均方根误差；

$Q_{\text{obs},t}$——t 时刻实测流量序列；

$Q_{\text{sim},t}$——t 时刻模拟流量序列。

参数率定至满意后，使用独立于参数率定所用实测数据以外的实测数据，再次计算 R^2、E_{NS}、$BLAS$ 和 $RMSE$ 等指标值，如果指标值满意，则认为通过参数验证。如果不满意，则需要重新进行参数率定。

对于率定采用的监测数据所来源设施的监测点，监测点的选取应充分考虑实用性、分散与集中相结合、代表性和可行性等。

1）实用性原则

监测点的布置应与监测目的紧密联系，了解监测目的才能科学合理地布置具有实用意义的监测点。

2）分散与集中相结合的原则

不同类型的区域具有不同的排水特征，因此制定监测方案时应尽量将监测点分散布置于不同类型的区域。同时，为了便于对设备进行维护，在同一类型区域中不同类型的监测设备（如流量监测和水质监测）的安装点应尽量靠近。

3）代表性原则

监测点附近与排水规律相关的影响因素与该地区的绝大多部分区域相近或一致，包括人口密度、交通流量、空气污染和居民生活习惯等，从而确保监测点的监测结果具有较好的代表性。

4）可行性原则

所选择的监测位置要能够方便、安全地安装和检修监测设备，并考虑设备的防盗问题。

5）便利性原则

水质采样点要求尽量选择交通便利、距离实验室及工作人员较近的区域，降雨前监测人员可迅速到位，采样后可立即将样品送回实验室进行分析。

2.2.1.6　模型应用

通过参数率定验证模型，可以计算和分析年径流总量控制率、污染物削减率、洪涝风险等，进而进行现状本底评价、效果预测、系统优化和规律分析等。对年径流总量控制率的计算需要用到水文模型、水动力模型和LID设施模型。通过排口或排水单元节点处流量数据计算年径流总量控制率。对污染物削减率的模拟计算需要采用水文模型、水动力模型、水质模型和LID设施模型。通过水质模拟结果可分析各污染物的累积、冲刷、迁移以及处理的过程；并可通过模拟预测城市降雨径流面源污染情况，计算区域污染物去除率、区域低影响开发设施污染物削减率等；对于合流制系统，可计算合流制溢流污染削减率、合流制溢流污染频次削减率等。内涝风险分析与评价需采用水文模型、水动力模型和LID设施模型（低于3年一遇降雨情景）。

1. 年径流总量控制率模拟计算

采用连续多年（10年以上）实测降雨数据和蒸发数据，资料缺乏时可采用典型年5min间隔的全年降雨和日蒸发数据进行模拟。将降雨数据输入模型，模拟得到各排口或排水单元节点处流量数据，计算得出多年总外排量并根据多年降雨总量计算年径流总量控制率，资料缺乏时可采用典型年5min间隔的全年降雨和日蒸发数据进行模拟。

1）区域年径流总量控制率 = $(1-\dfrac{区域多年总外排雨量}{多年总降雨量}) \times 100\%$。

2）汇水分区年径流总量控制率 = $(1-\dfrac{汇水分区多年总外排雨量}{多年总降雨量}) \times 100\%$。

3）排水单元年径流总量控制率 = $(1-\dfrac{排水单元多年总外排雨量}{多年总降雨量}) \times 100\%$。

2. 污染物削减率模拟计算

采用连续多年（10年以上）实测降雨数据和蒸发数据，资料缺乏时可采用典型年5min间隔的全年降雨和日蒸发数据进行模拟。将降雨数据输入模型，模拟得到区域排口或排水单元节点处污染物负荷，计算区域污染物去除率、区域LID设施污染物削减率等；对于改造项目，通过模拟得到区域改造前后排口或排水单元节点处污染物负荷，计算得出改造前后污染物总负荷，并根据多年区域污染物总负荷计算年污染削减率；对于新建项目，通过模拟得到传统建设模式和海绵城市建设模式下排口或排水单元节点处污染物负荷，分别计算得出两种模式下的年污染物总负荷，并根据传统建设模式下的区域年污染物负荷计算年污染削减率；合流制系统污染削减率和溢流污染频次削减率依据改造项目年污染物削减率进行计算。

不同污染物削减率计算方式如下：

1）区域年污染物削减率 = $(1-\dfrac{区域排口污染物负荷}{区域污染物总负荷}) \times 100\%$。

2）对于改造项目而言：

$$年污染物削减率 = \frac{海绵城市改造前区域年污染物负荷 - 海绵城市改造后区域年污染物负荷}{区域污染物总负荷} \times 100\%。$$

3）对于新建项目而言：

$$年污染物削减率 = \frac{按传统建设模式建设的区域年污染物负荷 - 按海绵城市建设模式建设的区域年污染物负荷}{按传统建设模式建设的区域年污染物负荷} \times 100\%。$$

4）合流制溢流污染削减率 =

$$\frac{海绵城市改造前溢流口污染物负荷 - 海绵城市改造后溢流口污染物负荷}{海绵城市改造前溢流口污染物负荷} \times 100\%。$$

5）合流制溢流污染频次削减率 =

$$\frac{海绵城市改造前溢流口溢流频次 - 海绵城市改造后溢流口溢流频次}{海绵城市改造前溢流口溢流频次} \times 100\%。$$

3. 内涝风险分析与评价

内涝风险分析与评价包括管网排水能力评估和内涝风险评估。管网排水能力评估可选用管道充满度、管道压力及流速等指标。管网排水能力应从管道充满度和流速两个方面进行评估。基于数值模拟结果开展管网排水能力评估，可以用管网压力这一指标判别是否达标。当管网压力大于1，则认为管网不达标；管网压力小于1，则认为管网达标。若进一步分析管网能力，可以用充满度进行评估；内涝风险评估不仅要关注积水程度，还应考虑承灾体的敏感度。承载体敏感度主要考虑积水影响对象的重要性，以及对积水的防护要求和标准等。

基于数值模拟的内涝风险评估，其模型模拟要求如下：

设施防涝达标性分析，可采用10年、20年、30年、50年一遇设计降雨（暴雨强度法）进行模拟分析。区域内涝风险评估，可采用20年、50年、100年一遇设计降雨（水文手册法）或历史实测降雨进行模拟分析。

在对规划区域进行评价分析时，通常选定年径流总量控制率、年径流污染控制率等指标结合实测数据与模拟数据对区域规划的效果进行综合评价与分析。除此之外，还要针对不同的区域规划目标，选择指标进行评价分析。

1）以区域年径流总量控制率、年径流污染控制率等指标为主要控制目标的方案规划设计。此类规划设计结合规划区域海绵城市年径流总量控制率指标要求，在现有资料基础上，根据现状用地类型本底条件，构建区域海绵城市不同LID系统组合控制规划方案。通过对比不同设计方案下的年径流总量控制率、年径流污染控制率和源头中途末端设施比例来评价分析最优设计方案。

2）基于模型模拟，在不同降雨条件下模拟各方案水量控制、面源污染削减能力并进行对比分析。此类规划设计以年径流总量控制率、年径流污染控制率为指标进行模拟评价分析最优控制方案。

3）对不同年径流总量控制率目标下的规划方案优化。此类规划设计通过对比不同年径流总量控制率目标下方案对水量控制指标及面源污染削减指标效果，并进行分析评价，以达到方案最优。

城市雨洪模型以模拟城市区域径流产生的水文过程为基础，其中主要包括时变降雨量、地表水的蒸发、洼地蓄水的降雨截留、不饱和土壤的降雨下渗、渗入水向地下含水层的穿透、地下水与排水管道的交换水量、降雪累积与融化、利用各种类型的 LID 设施布置捕获和滞留降雨径流；在此基础上可根据实测的降雨量和径流量进行研究区现状的模型率定与验证；然后另提出多种设计情景，利用模型评价其滞蓄减排效果；最后综合对比各种 LID 设计模式，分析影响雨水滞蓄减排效果的因素。

4. 建设效果模拟评价分析

当对城市道路项目进行整体评价分析时，可通过选定年径流总量控制率、路面积水控制与内涝防治等方面的评价指标，结合实测数据与模拟数据对道路建设的效果进行综合评价与分析。

当对道路所采用的 LID 设施进行评价时，针对不同的 LID 设施可选择相应的评价指标，目前道路建设常用作组合的 LID 设施有透水铺装、生物滞留设施、下凹式绿地等。根据不同的设施组合类型，系统对道路雨水径流总量控制、峰值流量削减及峰值时间滞后有不同的作用。此时一般可采用的评价指标包括：年/场次降雨径流削减率、峰值流量削减率、滞峰时间、径流污染削减率等。结合模拟结果，对以上指标进行计算。通过对计算结果的分析，可以对道路与 LID 设施组合系统在降雨径流总量削减、峰值流量削减、滞峰时间中的控制效果做出评价分析。

在对建筑与小区整体进行评估时，一般选用年/场次降雨径流削减率、径流污染控制、径流峰值削减及滞峰时间等指标，结合实测数据与模拟数据对建设的效果进行综合评价与分析。

故在对建筑与小区进行效果评价分析时，除了评价年径流总量控制效果等常规 LID 评价指标以外，还要保证其作为居民居住场所的基本条件。建筑与小区项目要注意区分新建项目与改造项目，改造项目其自身一般硬化面积大，雨水径流控制下渗效果差，在评价改造项目时，应考虑其本身改造条件，根据不同改造小区的实际情况选择符合其改造亮点的指标进行评价分析；而新建项目其绿地率通常符合建设标准,雨水径流控制下渗效果较好,在对其进行评价时应进行径流控制、雨水利用、污染控制等方面的全面评价分析。

城市公园绿地作为一种面积较大的城市开放性空间的形式,可以在城市雨水系统构建体系方面起到重要作用。一方面其自身一般绿地面积大,雨水径流控制下渗效果较好;另一方面要求利用公园绿地优越条件,尽量发挥公园对外围客水的调蓄滞留作用。除了评价年径流总量控制率、年径流污染控制率等常规LID评价指标以外,如有调蓄外围客水功能时也需加入评价中。

2.2.2 典型案例

2.2.2.1 公园路LID效果模拟研究

选取深圳市光明新区低影响开发道路——公园路(现名牛山路)为研究对象,构建道路及生物滞留带组合系统模型,对低影响开发道路的建设效果进行模拟评估。

1. 项目概况

公园路位于光明新城公园南侧和西侧(图2-2),全长2.2km,设计为两种不同的类型,其中北段长1.4km,采用道路加生物滞留带的形式;南段长0.8km,为传统道路形式。

北段路侧绿化带建设为生物滞留带,中央绿化带标高略低于道牙顶部,设计标准以下的降雨条件下不溢流。降雨时传统设计道路路段机动车道、路侧绿化带、自行车道及人行道径流由路侧雨水口直接排入市政雨水管道;生物滞留带路段机动车径流由道牙处集中进水口流入生物滞留带,自行车道及人行道径流分散进入生物滞留带,降雨超过生物滞留带处理能力时,径流经设置于滞留带中的溢流口排放至市政雨水管道。

图2-2 公园路平面图

南北两段道路除隔离绿化带不同外,二者具有相同的断面形式(图2-3、图2-4)。公园路道路红线宽度为40m,中间为一条宽9m的中央绿化带;中央绿化带两侧分别是宽7.5m的机动车道;机动车道两侧是宽分别为3m的隔离绿化带;最外侧分别是宽1.5m的自行车道和宽3.5m的人行道。其中中间机动车道和外侧自行车道为沥青路面,最外侧的人行道为透水砖铺装路面。

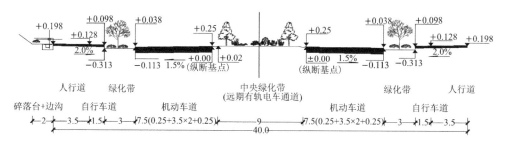

图 2-3 北段低影响开发道路横断面示意图

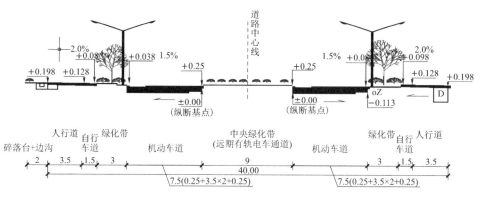

图 2-4 南段传统道路横断面示意图

北段隔离绿化带建设为生物滞留带，宽 3m，下凹深度为 20cm，即生物滞留带底部比机动车道路面低 20cm。生物滞留带和机动车道由路缘石隔开，路缘石每隔 40m 有一个 50cm 宽的豁口，供机动车道径流雨水进入生物滞留带。传统设计中建在机动车道的雨水口转移到生物滞留带内改造成溢流口，溢流口高出生物滞留带底部 10cm，作为超过生物滞留带处理能力的径流雨水排放通道。为增加生物滞留带蓄滞能力，生物滞留带每隔 10m 建一溢流堰，溢流堰高出生物滞留带底部 10cm。中央绿化带标高略低于道牙顶部，中央绿化带内两侧各有一条植草沟收集转输中央绿化带内径流雨水。

生物滞留带宽 3m，断面呈梯形结构，深度为 1.45m（图 2-5）。生物滞留带上方分别为 10cm 的调蓄高度和 10cm 的安全高度；底部结构层从上至下分别为 50mm 厚的树皮覆盖层、900mm 厚的种植土层和 300mm 厚的砾石层。砾石层的主要作用为增加雨水的蓄滞量，砾石层使用透水土工布包裹，防止顶部种植土的进入。为了安全起见，生物滞留带靠近机动车道的一侧由复合防渗膜土工布将生物滞留带和机动车道隔开，防止下渗雨水对路基造成侵蚀危害。

为增加公园路雨水径流控制效果，在公园路和碧眼路交叉点西南方向设计一个雨水调蓄净化回用系统。系统由溢流井、弃流池、蓄水池、土壤渗滤系统、清水池等组成。首先公园路道路管网内径流雨水由溢流井进入弃流池,在弃流池内对初期雨水进行弃流,弃流的初期雨水排入市政污水管道。弃流后的径流雨水由进水井进入900m³的蓄水池,在蓄水池内进行储存,降雨停止后,蓄水池内的雨水经土壤渗滤系统净化过滤后进入300m³的清水池,以备回用。

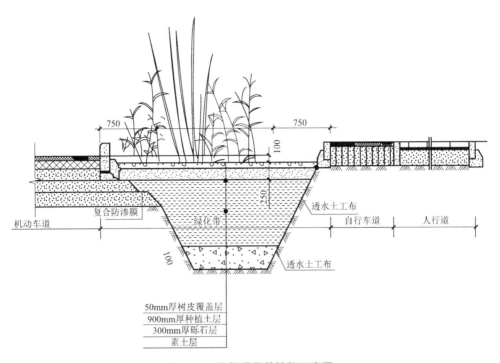

图 2-5 生物滞留带结构示意图

2. 研究区监测情况

为了对公园路北部低影响开发段运行效果进行评价,于2014年4月—9月进行了监测。由于公园路雨水管网分为多个区段并有多个出口,且部分区段有外部客水进入,如果对公园路全部出口及客水汇入口进行监测,实施难度较大,需要消耗大量的人力、物力和时间,且受气象降雨等不确定因素的影响。因此从南北两段道路中各选择一段长度相同,纵坡相近的区段进行监测。

降雨数据由安装在道路附近的SpecWare9 Professional翻斗式雨量计记录,记录数据精度为0.01英寸(0.254mm),记录时间间隔1min。流量监测数据由安装在检查井中的HACH FL900超声波流量计记录,流量计记录间隔为1min,流量计监测点均选择在市政雨水管道检查井中。南北两监测段汇水范围为长130m,宽20m,汇水面积为2600m²。在2014年雨季共监测到四场降雨及相应的流量数据。监测降雨事件基本特征见表2-1。

监测降雨事件基本特征　　　　　　　　表 2-1

降雨事件	降雨时长（min）	降雨量（mm）	平均雨强（mm/min）	最大雨强（mm/min）	雨前干期（h）
2014 年 7 月 18 日	75	16.4	0.22	2.76	101
2014 年 8 月 13 日	210	32.0	0.15	1.30	100
2014 年 9 月 14 日	20	13.1	0.66	1.50	25
2014 年 9 月 15 日	76	22.8	0.30	1.30	26

此外，还对上述生物滞留带介质的下渗速率进行了实验测量，土壤下渗速率受土壤初始含水量的影响较大，而气温和雨前干期又是影响土壤含水量的主要因素，因此在测定生物滞留带土壤下渗速率时应考虑气温和雨前干期的影响，土壤干期可根据降雨时间间隔分为潮湿/一般/干燥三个级别。沿生物滞留带选取 3 个具有代表性的点位取样，使用恒水头双环入渗仪测定样本的下渗速率，测得公园路生物滞留带平均稳定下渗速率为 $6.9 \times 10^{-6} \sim 2.7 \times 10^{-5}$ m/s。前期土壤干湿情况对照见表 2-2。

前期土壤干湿情况对照表　　　　　　　　表 2-2

土壤前期干湿情况	雨前干期（h）
干燥	> 120
一般	48 ~ 120
潮湿	< 48

3. 模型构建

北段低影响开发道路下垫面分别为人行道、自行车道、生物滞留带、机动车道和中央绿化带。中央绿化带标高略低于道牙顶部，中央绿化带内两侧各有一条植草沟收集转输中央绿化带内径流雨水。降雨时，人行道和自行车道径流雨水通过沿线分散方式进入生物滞留带，机动车道径流雨水通过道牙石豁口集中方式进入生物滞留带，雨水在生物滞留带内蓄滞下渗，超过生物滞留带处理能力的雨水经溢流口排入到市政管网；中央绿化带两侧植草沟内设有雨水溢流排放口，其内部雨水先经中间绿化带内部植草沟蓄滞处理，超过设计能力的雨水由溢流口排入市政管网。北段低影响开发道路部分模型概化图如图 2-6 所示。

南部传统道路下垫面分为人行道、自行车道、隔离绿化带、机动车道和中央绿化带。降雨时各下垫面径流雨水都由雨水口收集后排入市政管网。南段传统道路模型概化图如图 2-7 所示。

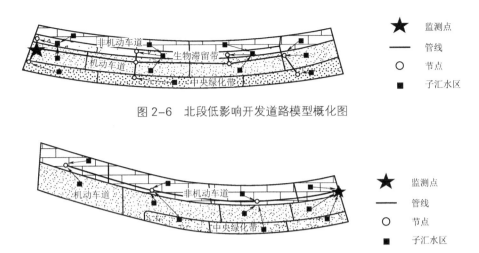

图 2-6 北段低影响开发道路模型概化图

图 2-7 南段传统道路模型概化图

采用的两种产流模型,其中绿地等透水下垫面采用 Horton 模型,不透水下垫面的模拟采用的是固定比例径流模型,因此需要确定各不透水下垫面固定径流系数。本研究中采用规范中推荐的固定径流系数。

为了使模型尽量真实地反映研究道路产汇流及排水情况,需要对排水设施的粗糙系数进行初始设定。InfoWorks ICM 模型中设置了可供选择的柯列勃洛克-怀特(Colebrook-White)或曼宁(Manning)公式来对水力粗糙性进行计算。本研究选用我国给水排水专业设计时常用的曼宁公式进行计算,计算采用的曼宁参数见表 2-3。

曼宁系数作为水力粗糙类型的典型值　　　表 2-3

材料	曼宁系数 N
铸铁管(水泥衬砌并密封)	0.011～0.015
混凝土管	0.011～0.015
塑料管(平滑的)	0.011～0.015
光滑土明渠	0.020～0.030
砖砌明渠	0.012～0.018
混凝土衬砌明渠	0.011～0.020
自然渠道(较规则断面)	0.030～0.070

4. 模型参数率定验证

1）指标选取

选用Nash-Sutcliffe效率系数（E_{NS}）、相关系数平方（R^2）作为模型模拟结果的评价指标，分别检验模拟值与监测值的吻合程度，以及模拟曲线与监测曲线的线性相关程度。

2）模型参数的率定

分别采用2014年8月13日和9月14日的两场实测降雨数据和流量数据对南北两段道路模型进行参数率定，结果如图2-8和图2-9所示。

由图2-8和图2-9可知，2014年8月13日北段和南段道路监测点位流量率定结果E_{NS}值分别为0.69和0.94，R^2值分别为0.84和0.92；2014年9月14日北段和南段道路监测点位流量率定结果E_{NS}值分别为0.70和0.72，R^2值分别为0.82和0.80，说明监测值和模拟值拟合较好，构建的模型可用于后续研究分析。

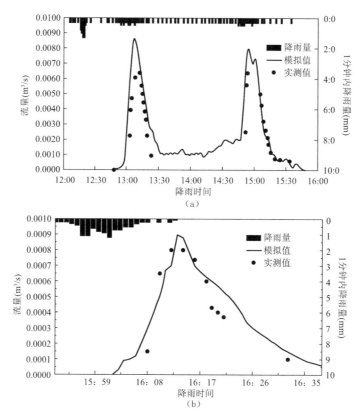

图2-8 北段低影响开发道路模型参数率定

(a) 2014年8月13日降雨；(b) 2014年9月14日降雨

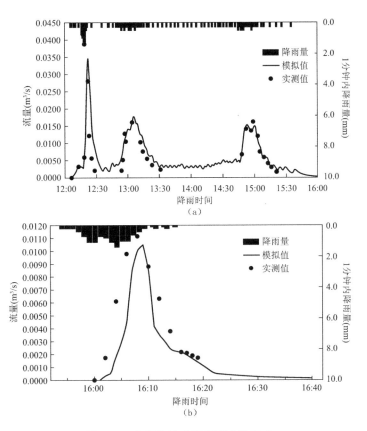

图 2-9 南段传统道路模型参数率定
(a) 2014 年 8 月 13 日降雨；(b) 2014 年 9 月 14 日降雨

3）模型参数的验证

分别采用 2014 年 7 月 18 日和 9 月 15 日的两场实测降雨数据和流量数据对南北两段道路模型进行参数验证，验证结果如图 2-10 和图 2-11 所示。

由图 2-10 和图 2-11 可知，2014 年 7 月 18 日北段和南段道路监测点位流量率定结果 E_{NS} 值分别为 0.73 和 0.72，R^2 值分别为 0.92 和 0.90；2014 年 9 月 15 日北段和南段道路监测点位流量率定结果 E_{NS} 值分别为 0.87 和 0.79，R^2 值分别为 0.89 和 0.81，说明监测值和模拟值拟合较好。结果表明构建的模型所选用的参数合理，模型能够反映道路水力水文现象，构建的模型可用于后续研究分析。

5. 效果评价及分析

生物滞留是一种重要的低影响开发技术，生物滞留设施对城市产汇流过程及水文循环现状具有良好的改善效果。道路与生物滞留组合系统对道路雨水径流总量控制、峰值流量削减及峰值时间滞后都有重要作用。根据 Davis 等人的理论，生物滞留设施的产汇流控制效果评价指标包括：场次降雨径流削减率 $R_{总}$、峰值流量削减率 $R_{峰}$、滞峰时间 $T_{延}$ 等。针对本研究，以上三个指标计算时可采用以下公式。

$$R_{总} = \frac{南段径流外排总量 - 北段径流外排总量}{南段径流外排总量} \times 100\% \quad (2-7)$$

$$R_{峰} = \frac{南段径流峰值流量 - 北段径流峰值流量}{南段径流峰值流量} \times 100\% \quad (2-8)$$

$$T_{延} = 南段溢流峰值出现时间 - 北段溢流峰值出现时间 \quad (2-9)$$

由以上模拟结果可知，道路设置生物滞留设施后对道路降雨径流总量、径流峰值都具有较好的控制效果。

北段道路设置生物滞留带后对降雨场次降雨径流削减率、峰值流量削减率、滞峰时间三个指标的统计见表2-4。

不同降雨各控制指标统计表　　　　　　表2-4

评价指标	2014年7月18日	2014年8月13日	2014年9月14日	2014年9月15日
$R_{总}$（%）	80.7	73.5	79.7	61.2
$R_{峰}$（%）	70.0	75.1	77.1	65.0
$T_{延}$（min）	2	7	7	2

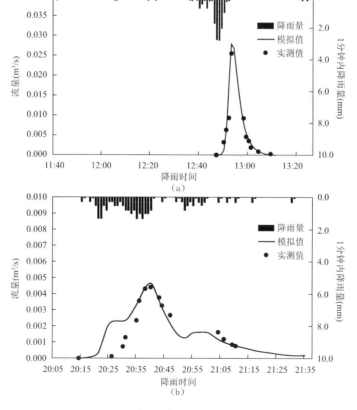

图2-10　北段低影响开发道路模型参数验证
(a) 2014年7月18日降雨；(b) 2014年9月15日降雨

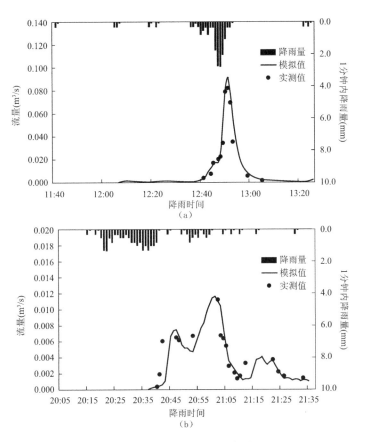

图 2-11 南段传统道路模型参数验证
(a) 2014 年 7 月 18 日降雨；(b) 2014 年 9 月 15 日降雨

由表 2-4 结果可知，相比南段传统道路，北段低影响开发道路的生物滞留带对降雨径流削减、峰值流量削减、滞峰时间都有较好的控制效果。道路生物滞留带对不同特征降雨的径流控制效果不同，2014 年 7 月 18 日和 9 月 14 日两场降雨的场次降雨径流削减率和峰值流量削减率都高于 2014 年 8 月 13 日和 9 月 15 日的两场降雨，表明道路生物滞留带对降雨量较小的降雨事件的控制效果更好。

实际控制雨量按式（2-10）进行计算。

$$H_{控} = (H_{降} \times A_{汇} - W_{排})/A_{汇} \tag{2-10}$$

式中 $H_{控}$——实际控制雨量，mm；

$H_{降}$——该日的降雨量，mm；

$A_{汇}$——汇水面积，m²；

$W_{排}$——该日实测的外排径流量，m³。

选取图 2-12 中的 22 场实际降雨数据输入北段低影响开发道路模型进行模拟，其中降雨量小于 31.3mm 的降雨为 12 场，大于 31.3mm 的降雨为 10 场。当降雨量小于 31.3mm 时，根据模拟结果中的外排量计算生物滞留带对降雨的控制量，与降雨量进行对比。当降雨量大于 31.3mm 时，根据式（2-4）算出低影响开发道路对单场降雨的控制量 $H_{控}$，结果如图 2-13 所示。

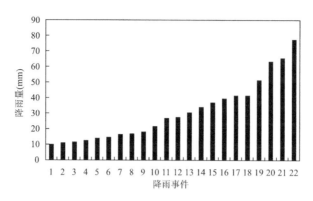

图 2-12 模拟降雨柱状图

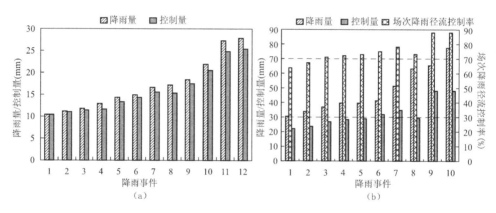

图 2-13 低影响开发道路降雨控制效果

由图 2-13 可知，当降雨量小于 31.3mm 时，低影响开发道路对径流总量的控制效果较好，排除误差和偶然因素，基本可实现径流量全部控制或仅有少量外排。

2.2.2.2 紫荆雅园小区 LID 效果模拟

选取北京市通州区紫荆雅园海绵小区改造项目为研究对象，对小区低影响开发的实施效果进行模拟评估。

1. 项目概况

紫荆雅园小区，占地面积为 11.5 万 m^2，现状绿地面积为 3.8 万 m^2，硬化屋顶面积为 2.3 万 m^2，道路面积为 1.8 万 m^2，绿地率为 33.36%，小区硬化面积为 7.7 万 m^2，包括建筑屋面、现状道路以及硬化铺装等，不透水率为 66.96%。紫荆雅园下垫面情况图如图 2-14 所示。

第 2 章 模型选择及建模流程

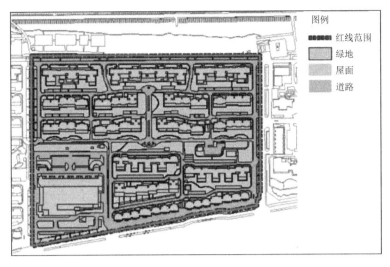

图 2-14 紫荆雅园下垫面情况图

小区内部为雨污分流，排水出口分为南北两个部分，共有 3 个雨水管网的排出口和 1 个雨水管网的汇入口。小区现状雨水管道仅布置在小区主干道，楼宇之间未敷设雨水管道，雨水依靠地表径流自然流向就近的雨水口，因此导致雨水排水不畅。小区内部路面为混凝土路面和铺装路面，其中狭窄路面为单坡排水形式，宽路面为双坡排水模式。小区绿地局部为微地形，其排水方向为两侧排水。根据现状地形及排水管网、检查井情况，小区可划分为 5 个汇水分区，各汇水分区下垫面如图 2-15 所示。

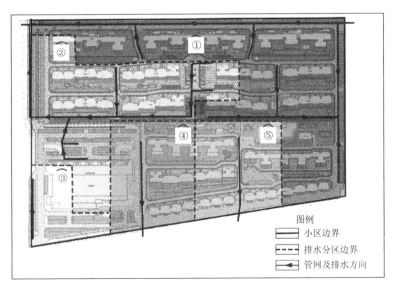

图 2-15 紫荆雅园汇水分区划分

2. 研究区监测情况

在紫荆雅园小区的出、入水口进行监测，监测指标为管道水位、流量和SS。该小区根据物探资料为雨污分流制小区，共有3个雨水管网的排出口和1个雨水管网的汇入口。其中排出口1位于小区的西北角，管径为 $DN1100$；排出口2和排出口4分别位于小区的两个南门，管径均为 $DN500$；进口3为进入小区的管网，位于小区的东北角，管径为 $DN700$。具体监测点位如图 2-16 所示。

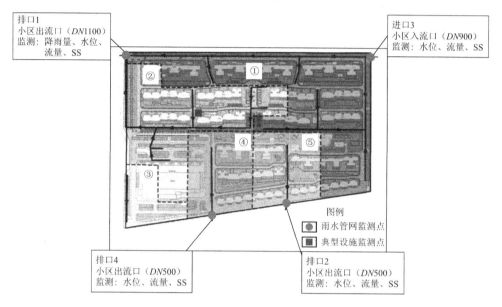

图 2-16　紫荆雅园监测点位示意图

选取数据较完整的四场降雨数据对模型主要水文参数进行水量与水质的率定与验证，监测降雨事件基本特征见表 2-5。

监测降雨事件基本特征　　　　表 2-5

降雨事件	降雨量（mm）	降雨历时（h）	最大雨强（mm/min）
2018 年 4 月 21 日	24.5	11	0.2
2018 年 7 月 24 日	72	14	0.34
2018 年 8 月 8 日	93.5	6	0.42
2018 年 8 月 12 日	57.5	8.5	1.33

3. 模型构建

对紫荆雅园进行模型搭建，研究区域可概化为子集水区 49 个，雨水管段数量为 71 个，检查井 71 个，雨水管排口 4 个。如图 2-17 所示。

第 2 章 模型选择及建模流程

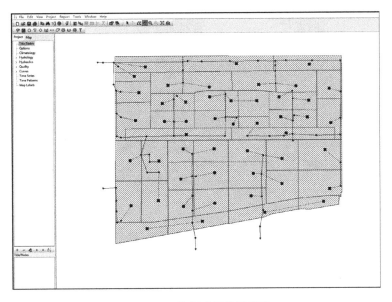

图 2-17 紫荆雅园模型搭建

4. 模型参数率定验证

1）指标选取

选用 Nash-Sutcliffe 效率系数（E_{NS}）作为模型模拟结果的评价指标，检验模拟值与监测值的吻合程度，以及模拟曲线与监测曲线的线性相关程度。

2）模型参数的率定

分别采用 2018 年 8 月 8 日和 4 月 21 日的两场实测降雨数据和流量数据对模型进行水量与水质的率定，结果如图 2-18 所示。

由图 2-18 可知，水量率定结果显示 $E_{NS}=0.5$，水质率定结果为 $E_{NS}=0.5$，说明监测值和模拟值基本吻合。

3）模型参数的验证

分别采用 2018 年 8 月 12 日和 7 月 24 日的两场实测降雨数据对模型进行水量与水质的验证，结果如图 2-19 所示。

由图 2-19 可知，水量验证结果显示 $E_{NS}=0.6$，水质验证结果为 $E_{NS}=0.5$，说明监测值和模拟值拟合较好，构建的模型可用于后续研究分析。

5. 效果评价及分析

1）场次降雨径流削减率

应用 SWMM 模型模拟，采用北京短历时雨型，模拟 2h 降雨 22.5mm（75%）的情况，得到场次降雨径流削减率为 84.2%。由此可知，LID 改造对小区径流总量有一定程度的削减。

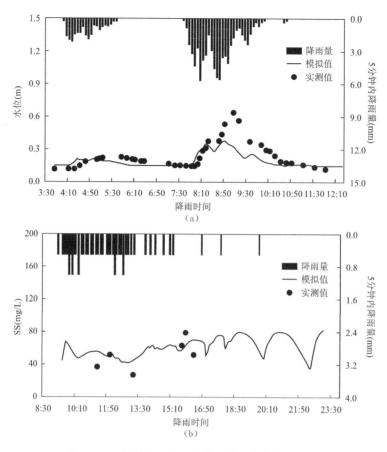

图 2-18 紫荆雅园水量和水质模型参数率定结果
(a) 2018 年 8 月 8 日率定结果；(b) 2018 年 4 月 21 日率定结果

2）径流污染削减率

对不同雨峰位置、不同降雨历时、不同降雨间隔下改造前后 SS 的削减率进行了统计分析，结果如图 2-20～图 2-22 所示。

研究结果显示，在相同降雨历时和降雨重现期的条件下，随雨峰位置的后移，SS 削减量逐渐减少。而在小重现期时降雨历时对 GSI 的控制效果影响不大。当重现期为 10 年时，降雨历时为 1h、2h、3h 时 GSI 对 SS 削减率分别为 15.70%、17.26% 和 19.14%，即降雨历时效应有所体现。在同一重现期，随降雨间隔的延长 GSI 对 SS 的削减呈先增长后趋于平稳的趋势。

对北京市 1983—2013 年每个丰、平、枯水年进行了面源污染控制的规律性探究，如图 2-23 所示。丰水年与枯水年基本交替出现，平水年可能出现在丰水年至枯水年的过渡阶段也可能出现在两个丰水年或两个枯水年间。枯水年 GSI 的控制效果最强（最高可达 45%），平水年次之，而丰水年最差。

第 2 章 模型选择及建模流程

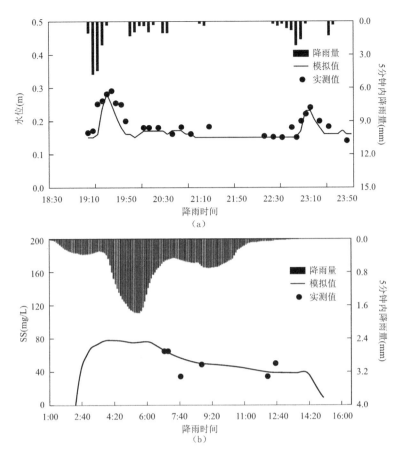

图 2-19 紫荆雅园水量和水质模型参数验证结果
(a) 2018 年 8 月 12 日验证结果；(b) 2018 年 7 月 24 日验证结果

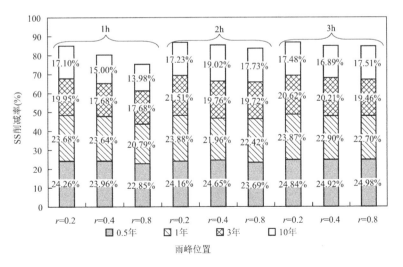

图 2-20 不同雨峰位置下紫荆雅园改造前后 SS 削减率

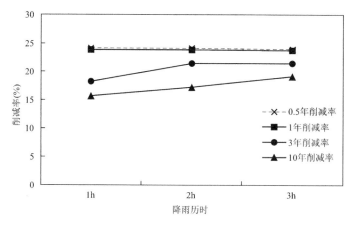

图 2-21 不同降雨历时下紫荆雅园改造前后 SS 削减率

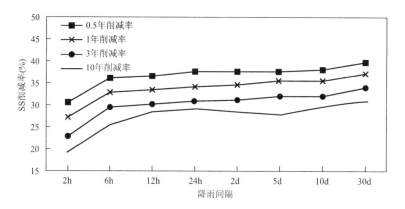

图 2-22 不同降雨间隔下紫荆雅园改造前后 SS 削减率

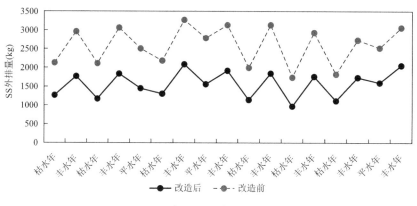

图 2-23 丰、平、枯水年变化规律

2.2.2.3 光明新区新城公园 LID 效果模拟

选取深圳市光明新区新城公园为研究对象，对低影响开发公园的实施效果进行模拟评估。

1. 项目概况

新城公园占地面积约为56hm²,主要由草地、林地、广场、道路、水体等组成。公园设计采用低影响开发设计理念,秉承环保、生态、节能的建设理念,通过植草沟、雨水花园、旱溪、蓄水池等绿色基础设施的应用,构建一套完整的低影响开发雨水系统。公园低影响开发的设计标准是80%的年径流总量控制率对应的设计降雨量是31.3mm。公园内LID设施种类多样,包括:渗排型植草沟、雨水花园、模块化蓄水池、复合介质生物滞留设施、旋流沉砂设施、雨水湿地、吸附截留渗井、渗管、土壤渗滤循环净化系统等。

公园内的排水系统体制为雨污分流制,雨水的排除主要通过植草沟、雨水口、检查井、管道等设施。新城公园内有2个体积均为300m³的雨水蓄水池,公园内绿化浇灌用水、道路和广场冲洗用水均由雨水蓄水池供给,当收集的雨水不够时,采用市政来水作为浇灌补充水,补充到蓄水池中。

基于DEM模型,综合考虑公园内排水管网的走向、出水口的位置等因素划分公园汇水分区,如图2-24所示,共划分为11个汇水分区。

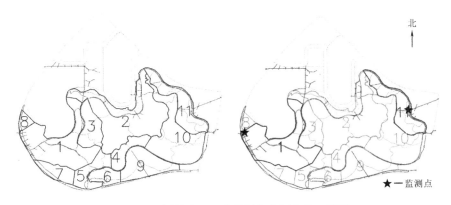

图2-24 新城公园汇水分区和监测点位示意图

2. 研究区监测情况

由于新城公园面积较大、地形复杂,并且包含多个汇水分区和管网出口,如果对公园整体全部出口进行监测,则工程量浩大;同时,监测工作受气象条件的不确定性影响较大,综合考虑对公园进行分区监测较为合理可行。研究团队分别在2013年对新城公园第1汇水分区进行了监测,在2015年对第11汇水分区进行了监测,各年均监测了两场有效降雨数据及对应的流量数据。

鉴于监测到的有效数据数量有限,现选择新城公园第1汇水分区和第11汇水分区为代表进行参数率定验证。对公园内下垫面情况分析可知,公园下垫面除绿地和道路外,还包括部分广场、停车场、房屋游乐场地设施等。其中广场、停车场、房屋游乐场主要分布在第 1 汇水分区和第 3 汇水分区，而其他分区主要为绿地和道路。因此选择第 1 汇水分区和第 11 汇水分区为例可以代表公园的两种建设类型，分别对其进行参数率定验证之后，将两个分区率定验证后的参数推广到整个公园。

监测降雨事件降雨数据详情表　　　　　　　　　　　　表 2-6

降雨事件	降雨时长 （min）	降雨量 （mm）	平均雨强 （mm/min）	最大雨强 （mm/min）
2013 年 5 月 19 日	18	19.9	1.00	1.85
2013 年 9 月 14 日	39	18.0	1.01	1.55
2015 年 7 月 23 日	200	46.8	0.74	1.80
2015 年 7 月 28 日	25	18.0	1.42	3.60

第 1 汇水分区于 2013 年 5 月 19 日和 2013 年 9 月 14 日监测到两场降雨数据和流量数据；第 11 汇水分区于 2015 年 7 月 23 日和 2015 年 7 月 28 日监测到两场降雨数据和流量数据，降雨数据详情见表 2-6。

3. 模型构建

新城公园内排水系统由低影响开发源头设施、灰色+绿色中途转输设施、末端调蓄设施共同组成。其中源头设施包括雨水花园、复合介质滞留池、生物滞留带等设施；中途转输设施包括排水管道、植被缓冲带、强化渗滤阶梯型植草沟、渗滤减排型渗排管等设施；末端调蓄设施包括旱溪、模块式蓄水池等设施。

新城公园内雨水设施类型多样，雨水径流产汇流过程较为复杂。因此在对新城公园模型进行概化之前，必须对其内部排水汇流及排放方式进行梳理。其主要过程包括：降雨降落到不同下垫面后汇流进入植草沟、复合介质滞留池或直接由雨水口进入管道，之后经植草沟等转输进入雨水花园、滞留塘、旱溪、渗透管、人工湿地、蓄水池等设施内处理下渗，之后超过设施处理能力的雨水溢流进入雨水管网排出。

在以上分析基础上将新城公园汇水分区进一步细化为子汇水区，相关研究表明，模型中子汇水区的划分方法及形式会对模型的模拟结果产生重要的影响。目前子汇水区的划分方法有很多，在这些方法中泰森多边形法是比较常用的方法，被水务、气象、环境等部门广泛采用。

采用 InfoWorks ICM 模型自带的泰森多边形子汇水区划分工具在汇水分区的基础上进行子汇水区划分。根据 DEM 模型、植草沟、排水管线的走向，结合每一个汇水分区的划分，对新城公园模型进行概化，新城公园最终划分为 274 条管线（包括植草沟、旱溪）、127 个子汇水区和 13 个排水出口。新城公园汇水分区示意图如图 2-25 所示。

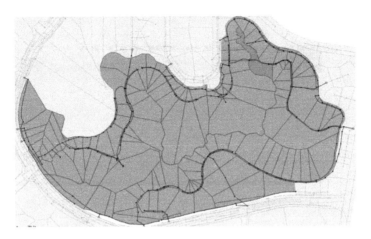

图 2-25　新城公园汇水分区示意图

4. 模型参数率定验证

1）指标选取

选用 Nash-Sutcliffe 效率系数（E_{NS}）、相关系数平方（R^2）作为模型模拟结果的评价指标，分别检验模拟值与监测值的吻合程度，以及模拟曲线与监测曲线的线性相关程度。

2）模型参数的率定

2013 年 5 月 19 日采用实测的降雨数据和流量数据对第 1 汇水分区进行模型参数率定；2015 年 7 月 23 日采用实测的降雨数据和流量数据对第 11 汇水分区进行模型水文水力参数率定，结果如图 2-26 和图 2-27 所示。

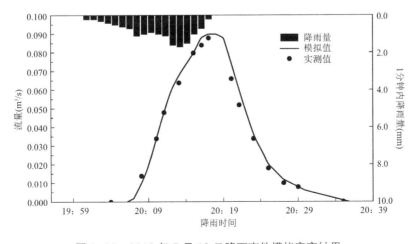

图 2-26　2013 年 5 月 19 日降雨事件模拟率定结果

由图 2-26 可知，使用 2013 年 5 月 19 日降雨数据和流量数据对所构建模型中的第 1 汇水分区进行参数率定，其中 E_{NS} 的值为 0.92、R^2 的值为 0.88，说明模拟值与监测值吻合程度较好，构建的模型可用于后续研究分析。

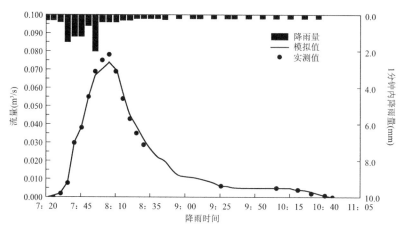

图 2-27　2015 年 7 月 23 日降雨事件模拟率定结果

由图 2-27 可知，使用 2015 年 7 月 23 日降雨数据和流量数据对所构建模型中的第 11 汇水分区进行率定，经计算得出 E_{NS} 值为 0.87、R^2 值为 0.81，说明模拟值与监测值吻合程度较好。

3）模型参数的验证

2013 年 9 月 14 日采用实测的降雨数据和流量数据对第 1 汇水分区进行模型水文水力参数验证；2015 年 7 月 28 日采用实测的降雨数据和流量数据对第 11 汇水分区进行模型水文水力参数验证，结果如图 2-28 和图 2-29 所示。

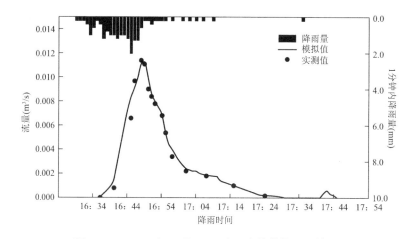

图 2-28　2013 年 9 月 14 日降雨事件模拟验证结果

由图 2-28 可知，使用 2013 年 9 月 14 日降雨数据和流量数据对所构建模型中的第 1 汇水分区进行率定，经计算得出 E_{NS} 值为 0.81、R^2 值为 0.75，说明模拟值与监测值吻合程度较好，构建的模型可用于后续研究分析。

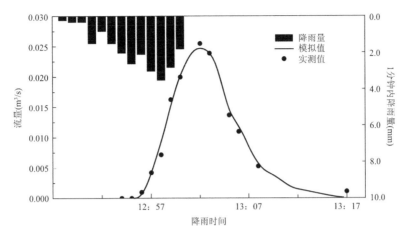

图 2-29　2015 年 7 月 28 日降雨事件模拟验证结果

由图 2-29 可知，使用 2015 年 7 月 28 日降雨数据和流量数据对所构建模型中的第 11 汇水分区进行率定，经计算得出 E_{NS} 值为 0.78、R^2 值为 0.74，说明模拟值与监测值吻合程度较好，构建的模型可用于后续研究分析。

5. 效果评价及分析

根据海绵城市建设理念，公园绿地作为一种城市面积较大的开放性空间，在城市雨水系统中起到重要作用。一方面其自身一般绿地面积大，雨水径流控制下渗效果较好；另一方面可尽可能发挥公园对外围客水的调蓄滞留作用。由于本研究中选取的公园为山体丘陵公园，地势较高，受自身条件限制，无法发挥调蓄体功能。结合以上原因，选择径流量控制效果为评价内容。

选取 22 场实际降雨数据输入新城公园模型进行模拟，其中降雨量小于或等于 31.3mm 的降雨为 12 场，降雨量大于 31.3mm 的降雨为 10 场。当降雨量小于或等于 31.3mm 时，理论上降雨应该被全部控制或仅有少量外排。当降雨量大于 31.3mm 时，根据式（2-4）算出低影响开发道路对单场降雨的控制量 $H_{控}$，得出每场降雨的场次降雨径流控制率，结果如图 2-30 所示。

由图 2-30 可知，当降雨量小于 31.3mm 时，新城公园对径流总量的控制效果较好，排除误差和偶然因素，基本可实现径流量全部控制或仅有少量外排。

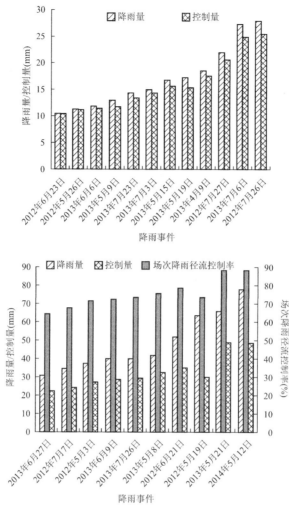

图 2-30 新城公园降雨控制效果

第 3 章 基于模型模拟的规划设计优化

3.1 概述

　　城市雨洪综合管理领域的规划设计优化包含系统性规则设计、源头设施选择、运行与管理多个方面，优化涉及效益、成本和运行维护等诸多因素。利用合理构建的城市雨洪模型对选取好的方案进行模拟，并对方案模拟结果进行年径流总量控制率、内涝风险减缓、径流污染削减、施工维护成本以及管理需求和运行效果等指标的分析比较，确定适合规划或设计区域海绵城市建设的最优方案，协调规划或设计区域雨水管理和生态系统的矛盾。为增加指标分解的可靠性和精确性，可采用基于模型模拟的方案对比设计优化或优化算法优化。城市雨洪模型的构建与发展，为海绵城市规划设计工作提供了科学手段，进行 LID 模型模拟具有几点优势：可高效评估规划方案下 LID 系统年径流总量控制率、年径流污染控制率、径流峰值与峰现时间、污染物控制能力、管网排水能力、内涝防治能力、调蓄设施规模优化和河道水系调蓄及排水能力，为海绵城市区域规划设计管理提供科学的技术支持；基于宏观 LID 系统水量控制规划，更科学有效地进行区域规划方案评价分析；基于区域规划 LID 模拟，探究 LID 水量控制与面源污染削减关系，为规划指导提供建议；通过区域规划 LID 模拟，可以充分地展示海绵城市建设效果及规划方案动态演示，给各行业规划设计者呈现更加直观的海绵城市建设效果，加强各行业从业者对海绵城市建设的理解及支持。

　　基于方案对比的方案优化是先对海绵城市建设目标进行指标分解，之后多根据建设经验进行模型模拟，根据区域地形现状、存在问题与建设目标，规则设计不同的海绵建设方案，在模型模拟的基础上进一步分析对比，寻找合适的最佳方案。这种分析方法比较全面地诠释了区域现状，根据方案模拟，对模拟结果进行分析，增加了指标分解的可靠性以及精确性，为建设方案提供了评价工具，同时借助模型对海绵城市建设方案进行了优化分析。这种方法在设计过程中多依赖于人为的预判，主观性较强。

　　基于优化算法的方案优化是通过智能优化算法与城市雨洪模型耦合的一种优

化方法。首先在现状资料、存在问题和建设目标的基础上确定优化算法中的约束条件、决策目标与影响因素，通过模型模拟的手段运行优化算法程序，最终得到优化结果。由于智能优化算法具有自适应、自学习的特征，还具有计算简单、通用性强、适用于并行处理等特点，在低影响开发城市雨水系统的规划设计方案优化方面具有较好的应用前景。

3.1.1 方案优化思路和步骤

首先，对区域现状、下垫面情况、地形特点等地理信息进行分析归纳，根据区域调研以及区域河道水位流量监测数据，采用 SWMM、MIKE 等模型工具建立区域现状模型，综合反映汇水区自然地理条件以及汇水区内各绿地率、建筑情况，并根据现状模型中反映出的现状场地条件内涝风险、水环境污染等问题，综合评定汇水区设施布局优先等级，根据汇水区优先等级分配指标；对分配指标后的汇水区进行方案优化，定量分析各方案优化评定结果，给出最优化方案（图 3-1）。

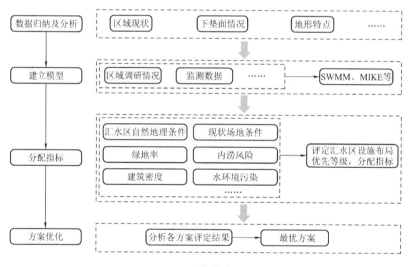

图 3-1 优化流程图

区域规划与项目设计的模型构建步骤基本一致，仅前期数据处理略有不同。

1）区域规划的前期数据处理

在模型构建之前，首先需要对基础空间地形数据、排水管网数据、遥感卫星数据、社会经济统计数据等基础数据进行广泛地收集整理，从而为后续模型构建过程中的属性数据设置、拓扑关系检查及修正等关键步骤提供必要的数据支持。为了使收集的各类数据得到有序可靠地存储和管理，并为模型的应用以及排水管网相关查询分析或决策支持系统的开发提供良好的数据条件，设计并建立排水管网综合数据库，同时为排水管网的数据管理、网络分析与模型模拟等功能的开发与应用提供统一的数据支持。

2）项目设计的前期数据处理

项目设计模型的前期数据处理部分包括管道管线、节点的导入、下垫面数据的处理及导入。

模型初步构建要将前期收集的管网数据导入模型并构建管网网络关系。汇水分区和雨水管网概化主要根据规划区域的管线、检查井的图纸资料。

首先对项目进行汇水区的划分。主要有泰森多边形法、人工绘制法、水文分析结合泰森多边形法，需根据实际情况选择合适的方法。

泰森多边形法广泛运用于城市子汇水区划分，一般采用管网节点或者出水口作为泰森多边形法划分子汇水区的依据，且十分便捷。然而泰森多边形法划分子汇水区未考虑地形因素的局限性，导致汇水区等距均分，划分结果与实际汇水区存在一定的偏差，且易出现汇水边界随机切割建筑物等不符合实际地表汇流的情况，不确定性显著。

人工绘制法划分子汇水区是专业人员依据 DEM 高程栅格数据、卫星影像图和研究区不同用地类型数据、精细化地物高程数据，手动勾画每个管网节点对应子汇水区的方法。该方法的划分工作过程繁琐、工作量大，但能准确吻合实际管网节点所服务的汇水区范围。

水文分析结合泰森多边形法。首先结合 DEM 高程栅格数据和排水管道采用水文分析工具初步划出较大的子流域。其次在已划分的子流域内，根据管网节点的分布，采用泰森多边形法对每一个子流域进行细分。此方法划分的汇水区考虑了管道流向和地形分布等情况，适用于大部分情况且划分合理。

3.1.2 规划设计指标及分配

3.1.2.1 区域规划的指标及分配

规划设计的空间范围宜分为城市所在的区域流域层级、城市市域或城市中心城区层级、城市片区层级，城市片区层级应包含项目和设施两个部分。专项规划应包括下列内容：

区域流域层级应统筹山、水、林、田、湖、草治理水，开展自然流域中水的产汇流和敏感性空间分析，识别区域流域中山体涵养空间、雨洪调蓄空间，统筹城市建设开发边界与选址；城市层级应分析水生态敏感区域和自然汇流路径，确定城市建设开发区域内重要的自然海绵空间，划定城市的蓝绿空间和竖向控制，构建城市涉水基础设施系统；划定片区并制定片区海绵城市建设目标；片区层级应衔接上层次要求，确定片区海绵城市建设指标体系，制定片区 LID 设施布局方案，确定地块指标、重大基础设施规模和涉水空间布局；制定分区建设方案，包括近期项目实施方案、可行性研究与实施计划。

3.1.2.2　项目设计的指标及分配

项目设计指标及分配是指根据汇水区的指标分配等级及径流控制指标对汇水区进行指标分解。选择最优汇水区指标分配结果。在对汇水区进行了一级划分之后，根据实地勘察的管线、检查井的资料，基于地形坡向、检查井所在位置对区域进行二级汇水区的划分。根据模型建立过程中二级汇水区的划分情况，对各个二级汇水区进行编号，根据各个二级汇水区的基本情况，对二级汇水区指标分配等级进行划分。

根据内涝风险等级、场地条件等级，对汇水区进行优先排序，对汇水区指标分配能力划分等级，并根据汇水区的指标分配等级及控制指标对汇水区进行指标分解，等级越高，说明场地需要更高的指标来实现径流控制，在规划或设计区域整体的控制指标基础上，进一步对各汇水分区进行指标分配。

3.2　基于方案对比的设计优化研究

3.2.1　基于方案对比的设计优化方法

3.2.1.1　目标指标选取

在海绵城市建设中，需要根据地域分类，对规划或设计区选择项目建设的目标。在构建低影响开发雨水系统的过程中，一般采用径流总量控制目标、径流污染物控制目标、径流峰值控制目标以及雨水资源化利用等。经研究发现，径流雨水中污染物负荷与径流总量关系较为密切，雨水资源化回收利用水量也随径流总量目标而变化，因此通常选取径流总量控制作为主要指标。根据项目特点、问题与需求，可选择不同的目标和指标，如场次降雨径流控制率、内涝防治能力、径流污染削减率、施工维护成本以及管理需求和运行效果等，通过模拟查看区域选择的目标和指标是否符合需求，不断调试，根据区域内目标和指标的控制效果，选择最优汇水区指标分配结果。

3.2.1.2　比选方案设计

指标的分配应考虑各地的气候、地形地貌、绿地空间以及各个措施限制条件的特殊要求等。对不同汇水区内地形和下垫面情况即建筑面积、道路面积、绿地面积及比例进行梳理，根据汇水区建设 LID 设施的条件，划分场地条件等级。

根据内涝风险等级、场地条件等级，对汇水区进行优先排序，对汇水区指标分配能力划分等级。汇水区指标能力分级的原则是：内涝风险等级越高、汇水区内场地条件等级越好，其汇水区指标分配等级越高，指标分配等级的高低为 1 级 ＞ 2 级 ＞ 3 级。

根据汇水区内指标分配等级及本地指标分配分解，对汇水区进行指标分配，并进行方案优化分析。

为了保证汇水区内能够达到该分区的指标，对汇水区的指标优先等级进行评价，根据内涝风险等级、汇水区优先等级，提出了各个汇水区的指标分配等级。根据研究区域内土地利用类型（建筑密度、绿地率、建筑布局、绿地分布、地形地势等），对区域内可控指标进行分解。

通过改变汇水区下垫面中洼地蓄水系数和不透水系数来分配好指标的下垫面情况，将各类下垫面按属性重新划分为建筑与小区、道路/广场/停车场、公园/绿地/绿化带等类别，并在此基础上规划设计研究区的雨水控制利用方案。

3.2.1.3 方案效果模拟评价

将设计好的雨水控制利用方案输入研究区雨洪模型进行模拟，对方案模拟结果进行降雨径流控制率、径流污染削减率、排水管网能力和内涝风险分布等指标的分析比较，确定适合海绵城市建设的最优方案。

因为降雨径流控制率、管网排水能力、内涝风险分布的量化评价指标都不在一个数量级，而且仅有部分指标具有量纲，无法对整体各个指标进行效果分析，为了能在相同尺度下识别不同设计方案的综合效果，可考虑采用线性归一化模型，将各方案的指标进行无量纲处理。综合各项指标进行量化分析，得出有较高控制要求，同时又有较好效果的方案，作为规划设计的首选方案。

3.2.2 基于方案对比的设计优化案例

选取济南市海绵城市建设试点区域，基于选定区域的特征构建城市雨洪模型，借助模型模拟的手段进行方案对比，确定最终优化方案。

3.2.2.1 研究区域概况

济南市位于山东省中西部，地处于鲁中南低山丘陵与鲁西北冲积平原的交接带上，地势南高北低。从地形分布上来看，境内多山，西南和东南区被泰山山脉包围。区域内西、北侧黄河横穿而过，最南部与泰安市相邻。济南市海绵城市区域范围为经十路以南，英雄山路以东，千佛山东路以西，总面积约 $39km^2$。济南市海绵城市试点范围如图 3-2 所示。

图 3-2　济南市海绵城市试点范围

在济南市海绵城市区域内，分布有兴济河、历阳河、玉绣河等多条河流，其中兴济河为防洪河道，玉绣河、历阳河为排涝河道。河道整体走向由南向北，坡度较大，最终均汇入小清河。区域水系分布图如图 3-3 所示。

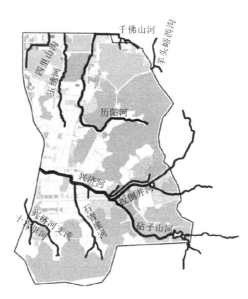

图 3-3　区域水系分布图

济南市平均每年的降雨量和降雨日比较集中，全年 60% 降水量都集中在夏季，7 月的降水日平均为 15d，日降水量达 50mm 的暴雨天数多集中在 7 月、8 月，占全年暴雨天数的 70%。

第 3 章 基于模型模拟的规划设计优化

海绵城市建设海拔高程在 44.1～459.9m，济南市东部、南部为山体丘陵，中部为山前坡地，地面坡度高达 23‰。现状建成区主要在丘陵边坡和平坦地带，高程在 44.1～163.0m。区域面积为 39km²，其中山区面积为 16.7 km²，开发建设区域面积为 22.3 km²。片区内既有集中的渗透区域，也有大面积的高密度建筑区域，现状可渗透地面面积比例约为 41.2%。

3.2.2.2 研究区监测情况

本项目选取区域 3 个监测断面的流量和水位实测数据，用于模型的率定和验证，监测断面位置如图 3-4 所示。

根据实测降雨资料，选取区域雨水排出口有流量和水位监测的 3 场降雨，用于区域雨洪模型的率定和验证。

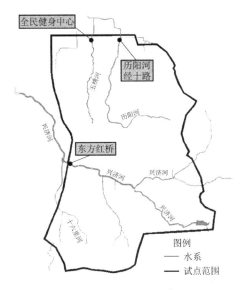

图 3-4 监测断面的位置

3.2.2.3 模型构建

由于济南市海绵城市建设试点区域存在马路行洪、洪涝风险和水体环境污染等问题，进行海绵城市规划设计时应当从建设成效上考虑，故模型应当可评估这 3 个方面，应用 MIKE Urban 模型建立海绵区域一维城市管网模型、利用 MIKE 21 建立二维地表漫流模型，同时建立 MIKE 11 河道模型，构建 3 种模型之间的耦合模型。模型建立流程图如图 3-5 所示。

1. MIKE Urban 模型建立

1）数据处理与导入

城市内涝模型的建立主要包括前期数据处理部分、管渠、节点，以及下垫面数据的处理及导入。

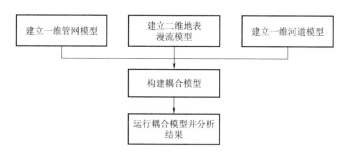

图 3-5　模型建立流程图

建立管网系统数据库，将区域现状排水系统普查数据进行概化整理后，转化成管网拓扑数据文件，导入 MIKE Urban CS-HD 水动力模块中，建立管网模型，并对其进行核查、整理和完善，最终得到 59 个排水出口，9103 个检查井和 8523 条管道，管网总长 253.79 km。其中建模数据库中所需雨水管网、检查井节点数据管线上游和下游对应节点要与节点编号唯一对应。

将建立好的雨水系统数据库导入雨水模型 MIKE Urban 中，导入雨水管线、节点数据后，构建的模型如图 3-6 所示。

图 3-6　采用 MIKE Urban 概化的区域雨水管网现状

2）区域概化

排水管线覆盖区的集水区划分主要根据区域 DEM 数字高程图、检查井位置，采用泰森多边形法自动划分，将区域离散为多个汇水区，区域集水区分类和排水管线覆盖区集水区划分结果如图 3-7 和图 3-8 所示。

图 3-7 区域集水区分类

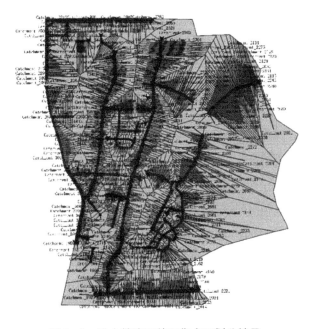

图 3-8 排水管线覆盖区集水区划分结果

3) 模型参数设置

由于区域内大部分地块高度城市化，降雨径流模型选用时间面积（T-A）法，模型参数包括集水时间、初损、水文衰减系数、管网曼宁系数、不透水面积率、各集水区坡度和特征长度、T-A 曲线类型、降雨边界条件以及管流模型参数，具体参数见表 3-1。

模型参数设置 表3-1

序号	模型参数	参数值
1	集水时间	根据地表流速0.3m/s自动计算
2	初损	6mm
3	水文衰减系数	0.9
4	管网曼宁系数	Manning Steep：80.0 Manning Flat：70.0 Manning Small：30.0 Manning Medium：30.0 Manning Large：12.0
5	不透水面积率	建筑与小区：80% 山体与绿地：20% 道路：85%
6	各集水区坡度和特征长度	≥2‰
7	T-A曲线类型	正三角形类型
8	降雨边界条件	DFS0格式降雨过程线
9	管流模型参数	动力波

2. MIKE 21模型建立

MIKE 21模块能够较好地模拟二维表面流，其利用二维圣维南方程的离散求解。二维的地表漫流模型包括建立二维网格、建立地表高程模型、设置模型边界条件和初始条件等。

根据区域的土地利用规划图和比例尺为1:1000的地形图，建立数字高程模型。

为了获得比较精确的地表漫流模型，需要首先将区域的建筑与小区、路网、绿地、水系等下垫面图层进行矢量化解析，然后叠加到DEM地形图上。将区域各下垫面叠加到DEM地形图上，如图3-9和图3-10所示。

3. 河网模型建立

根据区域内勘测图纸，包括河网文件的高程数据、河道边界条件数据、水文年鉴资料、DEM数据，建立区域内河网模型。

河网模型的构建过程主要有三大部分：1）输入模拟计算的基本参数，如模块的选择、计算时间、计算时间步长等；2）将模拟编辑器与河网文件、河道断面文件、边界文件、水力学参数文件进行链接；3）开展模拟工作。

将兴济河、玉绣河、历阳河和十六里河的CAD图通过ArcGIS转化为shp格式文件，并导入MIKE 11模型中生成河网文件。编辑定义各河道的名称、流向，并确定上、下游衔接关系。河网断面矢量图如图3-11所示。

4.模型耦合

由于单独的模块无法完整反映出降雨径流在二维地表、排水管网、河道中的全过程流动情景,因此需要借助 MIKE FLOOD 平台将上述 MIKE Urban 排水管网数字化模型、MIKE 11 河网模型和 MIKE 21 二维地面漫流模型动态地相互链接耦合起来(图 3-12),从而准确模拟地面径流、排水管网流、河道水流、河道内拦水坝水流的相互影响情况。

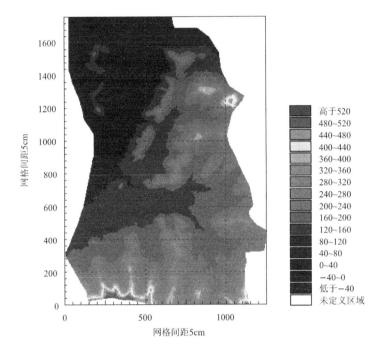

图 3-9 区域 DEM 地形图

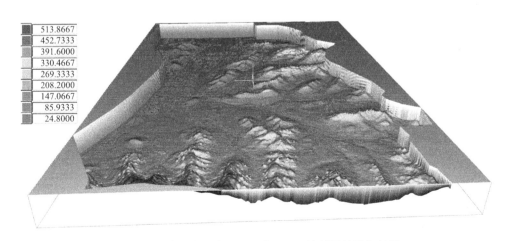

图 3-10 各下垫面矢量图层与 DEM 地形图的叠加结果

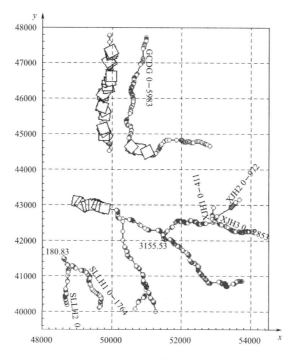

图 3-11 河网断面矢量图

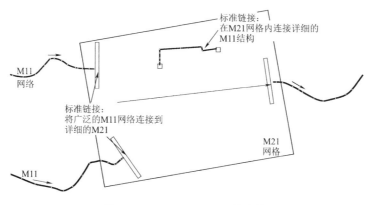

图 3-12 MIKE FLOOD 的连接

3 个模块的耦合模型如图 3-13 所示。

3.2.2.4 模型参数率定验证

模型参数的率定和验证是提高模拟可靠性和准确性必不可少的过程,也是准确评估排水系统的排水能力和规划设计海绵城市建设方案的前提。

1. 指标选取

选用 Nash-Sutcliffe 效率系数(E_{NS})、相关系数平方(R^2)作为模型模拟结果的评价指标,分别检验模拟值与监测值的吻合程度,以及模拟曲线与监测曲线的线性相关程度。

第3章 基于模型模拟的规划设计优化

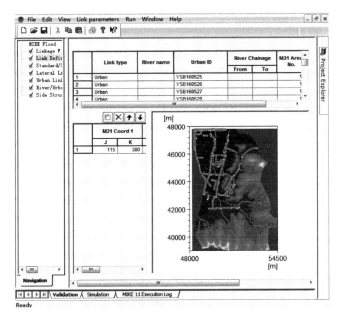

图 3-13 耦合后的区域雨洪模型

2. 模型参数的率定

针对全民健身中心站、历阳河经十路站、东方红桥站分别采用 2012 年 7 月 5 日和 2012 年 7 月 22 日的两场实测降雨数据和流量数据对模型进行水文水力参数率定，结果如图 3-14～图 3-21 所示。

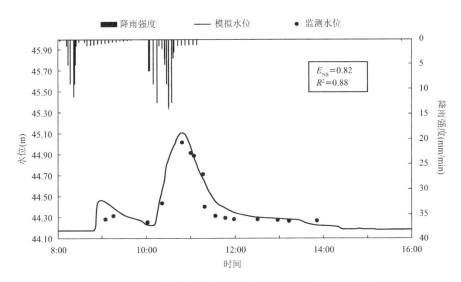

图 3-14 全民健身中心站 2012 年 7 月 22 日水位率定结果

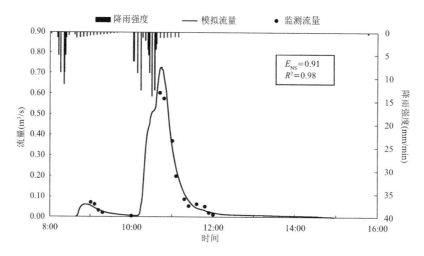

图 3-15　全民健身中心站 2012 年 7 月 22 日流量率定结果

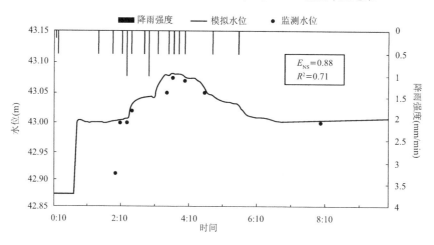

图 3-16　历阳河经十路站 2012 年 7 月 5 日水位率定结果

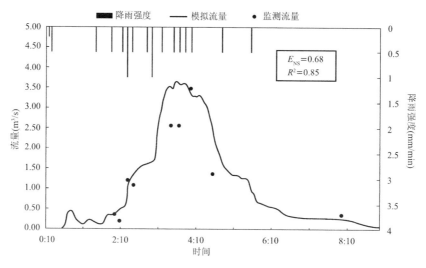

图 3-17　历阳河经十路站 2012 年 7 月 5 日流量率定结果

第 3 章　基于模型模拟的规划设计优化

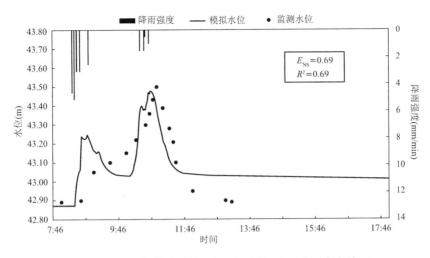

图 3-18　历阳河经十路站 2012 年 7 月 22 日水位率定结果

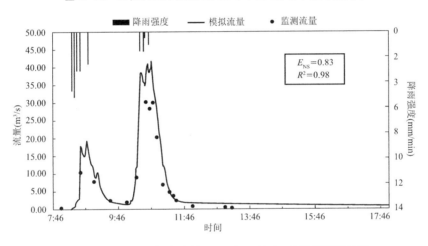

图 3-19　历阳河经十路站 2012 年 7 月 22 日流量率定结果

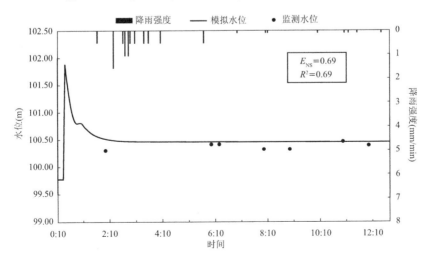

图 3-20　东方红桥站 2012 年 7 月 5 日水位率定结果

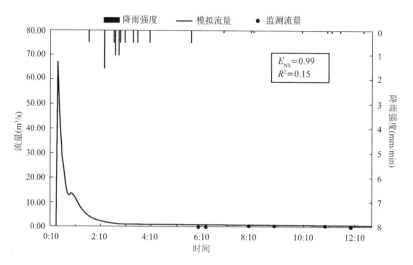

图 3-21　东方红桥站 2012 年 7 月 5 日流量率定结果

由图 3-14～图 3-21 可知，水位的 E_{NS} 值最小为 0.69，最大值为 0.88；R^2 最小为 0.69，最大值为 0.88。流量的 E_{NS} 值最小为 0.68，最大值为 0.99；R^2 最小为 0.15，最大为 0.98。说明监测值和模拟值拟合较好，构建的模型可用于后续研究分析。

3. 模型参数的验证

采用 2012 年 8 月 12 日的两场实测降雨数据和流量数据对模型进行水文水力参数验证，结果如图 3-22～图 3-27 所示。

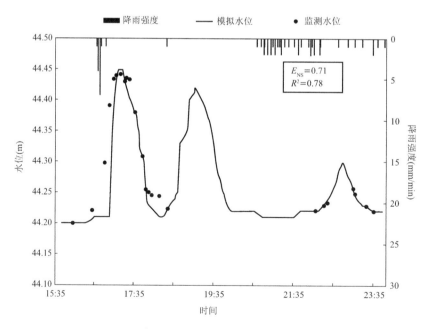

图 3-22　全民健身中心站 2012 年 8 月 12 日水位验证结果

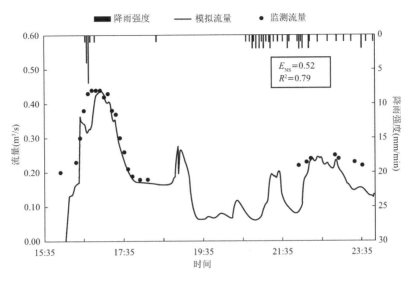

图 3-23　全民健身中心站 2012 年 8 月 12 日流量验证结果

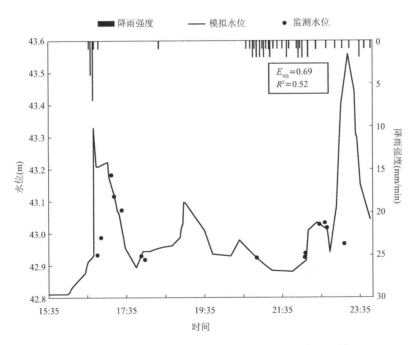

图 3-24　历阳河经十路站 2012 年 8 月 12 日水位验证结果

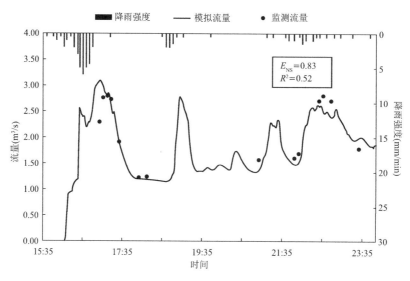

图 3-25　历阳河经十路站 2012 年 8 月 12 日流量验证结果

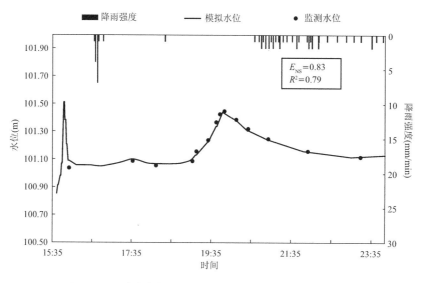

图 3-26　东方红桥站 2012 年 8 月 12 日水位验证结果

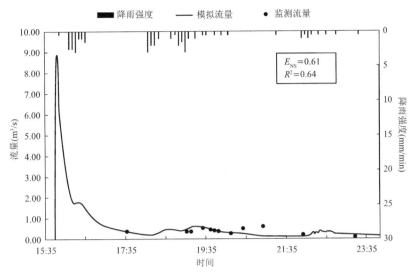

图 3-27 东方红桥站 2012 年 8 月 12 日流量验证结果

由图 3-22～图 3-27 可知，水位的 E_{NS} 值最小为 0.69，最大值为 0.83；R^2 最小为 0.52，最大值为 0.79。流量的 E_{NS} 值最小为 0.52，最大值为 0.83；R^2 最小为 0.52，最大值为 0.79。说明监测值和模拟值拟合较好，构建的模型可用于后续研究分析。

3.2.2.5 基于方案对比的设计优化

1. 项目建设目标确定

根据我国大陆地区年径流总量控制率分区图，济南市位于Ⅳ区，控制率为 70%～85%。济南市年径流总量控制率与设计降雨量之间的关系，如图 3-28 所示。

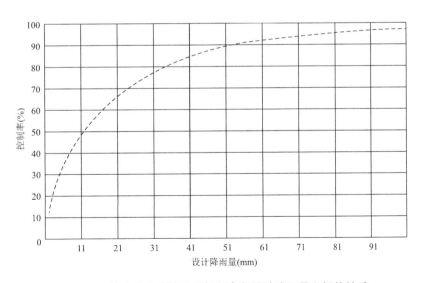

图 3-28 济南市年径流总量控制率与设计降雨量之间的关系

济南市不同年径流总量控制率对应的设计降雨量　　　　　表 3-2

年径流总量控制率（%）	60	65	70	75	80	85	90	95
设计降雨量（mm）	16.2～16.5	19.4～19.7	23.1～23.4	27.1～28.2	32.5～34.1	40.7～42.1	51.6～53.8	71.1～76.2

济南市不同年径流总量控制率对应的设计降雨量见表 3-2。径流总量控制目标的确定应该以开发建设后的径流水量接近于开发建设前自然地貌时的径流排放量为标准。取山体径流系数为 0.40，水域径流系数为 1，绿地径流系数为 0.15，推算济南市海绵城市建设试点区内的平均综合径流系数为 0.25，则相对应的年径流总量控制率为 75%，表 3-2 中对应的设计降雨量为 27.7mm。

2. 比选方案设计

济南市海绵城市建设试点区域中山体面积较大，由于其有很大的坡度，成为区域内雨水径流的主要问题，在进行项目方案设计时，从以下几个方面考虑：

1）建筑与小区内雨水尽量减小径流，要求建筑与小区中年径流总量控制率要大于或等于 75%。

2）山体绿地径流系数较大，年径流总量控制率要求不大于 75%，设定为 75%、70% 两个梯度。

3）由于模型模拟雨量相差不大，则采用其较优的方案进行方案评价。

方案设计见表 3-3。

项目方案设计表　　　　　表 3-3

优化方案	场次降雨径流控制率（%）				加权平均设计雨量（mm）
	建筑与小区	道路/广场/停车场	公园/绿地/绿化带	山体绿地	
方案一	80	75	75	75	29.68
方案二	80	85	85	75	32.71
方案三	85	85	80	75	34.84
方案四	75	80	80	70	27.00
方案五	80	80	85	70	29.98

3. 方案效果模拟

1）场次降雨径流控制率

通过区域雨洪模型的模拟结果可知，各海绵城市建设方案实施以后，年径流总量均有较大幅度的削减。

降雨重现期在 0.5～5 年一遇时，现状场次降雨径流控制率为 28.71%～58.36%。

不同降雨重现期的场次降雨径流控制率都有增加的趋势，其中方案三的场次降雨径流控制率最高，为 79.33%～85.02%，方案四的场次降雨径流控制率最低，为 73.69%～80.54%。

2）综合径流系数

海绵城市建设方案实施以后，与区域现状的建设情况相比，各方案的综合径流系数均有较大幅度的削减，见表 3-4。

各方案综合径流系数统计表　　表 3-4

方案	综合径流系数	方案	综合径流系数
现状	0.70	方案三	0.48
方案一	0.50	方案四	0.51
方案二	0.49	方案五	0.50

3）检查井溢流

海绵城市建设方案实施以后，与区域目前的建设情况相比，各方案的检查井溢流个数有较大幅度的削减，见表 3-5。

各方案检查井溢流个数统计表　　表 3-5

方案	降雨重现期（年）	溢流检查井个数	所占比例（%）	各方案减少百分比（%）
现状	$P=0.5$	73	0.80	—
	$P=1$	374	4.10	—
	$P=2$	1074	11.79	—
	$P=3$	2165	23.78	—
	$P=5$	6171	68.47	—
方案一	$P=0.5$	5	0.05	93.27
	$P=1$	20	0.22	94.58
	$P=2$	56	0.61	94.79
	$P=3$	157	1.72	92.75
	$P=5$	337	3.71	94.53
方案二	$P=0.5$	3	0.03	96.49
	$P=1$	17	0.19	95.35
	$P=2$	51	0.56	95.23

续表

方案	降雨重现期（年）	溢流检查井个数	所占比例（%）	各方案减少百分比（%）
方案二	$P=3$	146	1.61	93.24
	$P=5$	319	3.50	94.83
方案三	$P=0.5$	3	0.03	95.89
	$P=1$	15	0.17	95.89
	$P=2$	50	0.55	95.34
	$P=3$	139	1.52	93.59
	$P=5$	306	3.36	95.04
方案四	$P=0.5$	7	0.08	90.41
	$P=1$	23	0.25	93.89
	$P=2$	60	0.66	94.41
	$P=3$	166	1.83	92.31
	$P=5$	354	3.89	94.27
方案五	$P=0.5$	6	0.07	91.78
	$P=1$	23	0.25	93.85
	$P=2$	55	0.61	94.83
	$P=3$	167	1.83	92.29
	$P=5$	336	3.69	94.56

4）管网排水能力

海绵城市建设方案实施以后，与区域目前的建设情况相比，各方案的管网排水能力有较大幅度的优化，见表3-6。

各方案管网排水能力统计表　　　　　　表3-6

方案	降雨重现期（年）	超载管网（km）	所占比例(%)	各方案减少百分比（%）
现状	$P=0.5$	42.38	16.70	—
	$P=1$	70.81	27.90	—
	$P=2$	124.61	49.10	—
	$P=3$	160.86	63.30	—
	$P=5$	221.81	87.40	—
方案一	$P=0.5$	4.80	1.89	88.67
	$P=1$	17.06	6.72	75.91

续表

方案	降雨重现期（年）	超载管网（km）	所占比例(%)	各方案减少百分比（%）
方案一	$P=2$	29.06	11.45	76.68
方案一	$P=3$	35.46	13.97	77.96
方案一	$P=5$	44.26	17.44	80.05
方案二	$P=0.5$	3.63	1.43	91.43
方案二	$P=1$	14.63	5.77	79.34
方案二	$P=2$	26.63	10.49	78.63
方案二	$P=3$	33.03	13.02	79.47
方案二	$P=5$	42.83	16.88	80.69
方案三	$P=0.5$	4.93	1.94	88.37
方案三	$P=1$	12.93	5.09	81.74
方案三	$P=2$	24.93	9.82	80.00
方案三	$P=3$	31.33	12.34	80.52
方案三	$P=5$	41.13	16.21	81.46
方案四	$P=0.5$	7.20	2.84	83.01
方案四	$P=1$	19.20	7.57	72.89
方案四	$P=2$	31.20	12.29	74.96
方案四	$P=3$	37.60	14.82	76.63
方案四	$P=5$	46.40	18.28	79.08
方案五	$P=0.5$	4.82	1.90	88.64
方案五	$P=1$	16.82	6.63	76.25
方案五	$P=2$	28.82	11.35	76.88
方案五	$P=3$	35.22	13.88	78.11
方案五	$P=5$	44.02	17.34	80.16

5）内涝风险分布

通过分析区域的内涝风险分布，可以进一步确定低影响开发设施的位置以及开发强度，为现有排水系统的优化方案设计和管理体系制定提供支撑，有助于区域海绵城市建设规划管理工作的顺利开展。

关于内涝的定义，一般从"积水深度""积水历时"和"积水范围"三个方面衡量。参考《室外排水设计标准》GB 50014—2021中的规定的"居民住宅和工商业建筑物的底层不进水；道路车道的积水深度不超15cm。各城市应根据地区重要性等因素，因地制宜确定设计地面积水时间"等内涝风险等级指标，确定区域内涝风险的等级。深圳市水务局对内涝的定义：一般地区积水深度超过15cm 的时间不超过 30min，下凹桥区积水深度超过 27cm 的时间不超过 30min 等内涝风险等级指标，确定区域内涝风险的等级（表 3-7）。

内涝风险等级指标 表 3-7

等级	积水深度（cm）	积水时间（min）
低风险区	15	30
中风险区	27	30
高风险区	30	60

海绵城市建设方案，与区域降雨重现期 $P=3$ 年一遇时的现状情况相比，各方案的内涝风险区域及涝水量有较大幅度的降低，见表 3-8。

各方案内涝风险区域及涝水量统计表 表 3-8

各方案	内涝等级	面积（hm²）	涝水量（m³）	减小百分比（%）	
				面积	涝水量
现状 $P=3$ 年一遇	低风险区	16.32	17626.00	—	—
	中风险区	1.17	1261.60	—	—
	高风险区	1.64	1774.80	—	—
方案一	低风险区	4.50	6384.89	72.43	63.78
	中风险区	0.29	409.53	75.21	67.54
	高风险区	0.09	122.12	94.51	93.12
方案二	低风险区	4.17	6499.68	74.45	63.12
	中风险区	0.29	376.46	75.21	70.16
	高风险区	0.09	119.33	94.51	93.28
方案三	低风险区	4.82	6587.90	70.47	62.62
	中风险区	0.38	312.33	67.52	75.24
	高风险区	0.10	99.89	93.90	94.37
方案四	低风险区	5.83	6429.19	64.28	63.52
	中风险区	0.28	447.83	76.07	64.50
	高风险区	0.09	142.91	94.51	91.95
方案五	低风险区	4.92	6361.87	69.85	63.91
	中风险区	0.29	495.79	75.21	60.70
	高风险区	0.09	137.81	94.51	92.24

由表3-8可知，在设计重现期P=3年一遇时：

中风险区的涝水量由低到高的顺序是：方案三＜方案二＜方案一＜方案四＜方案五。对应的涝水量减小百分比为：75.24%＜70.16%＜67.54%＜64.5%＜60.7%。

高风险区的涝水量由低到高的顺序是：方案三＜方案二＜方案一＜方案五＜方案四。对应的涝水量减小百分比为：94.37%＜93.28%＜93.12%＜92.24%＜91.95%。

4. 方案优化结果

为能在相同尺度下识别不同设计方案的综合效果，考虑采用线性归一化模型，将各方案的指标进行无量纲处理，如下述公式所示。

$$Y_{ij} = \frac{X_{ij} - \min(X_{ij})}{\max(X_{ij}) - \min(X_{ij})}, Y_{ij} \in (0,1) \tag{3-1}$$

式中 Y_{ij}——线性归一后的指标值；

X_{ij}——第i种方案在j指标上的评价值。

根据式（3-1）对设计方案的各种指标进行归一化，见表3-9。

各方案的归一化指标　　　　　　　　　　　　　表3-9

方案	方案一	方案二	方案三	方案四	方案五
场次降雨径流控制率	0	0.40	1.00	0.36	0.75
综合径流系数	0	0.36	1.00	0.31	0.69
检查井溢流	0	0.19	1.00	0.44	0.94
管网排水能力	0	0.53	1.00	0.50	0.90
内涝风险分布	0	0.10	0.58	0.74	1.00
合计	0	1.58	4.58	2.35	4.28

从表3-9可知，方案三的综合效果值最高，可作为区域建设或改造的首选方案。

各个方案见表3-10，方案均能达到平均场次降水径流控制率为75%以上，方案三比其他方案有更高的控制率，综合各项控制目标的核算，方案三为最优方案。

项目方案比较　　　　　　　　　　　　表3-10

项目方案	加权平均设计降雨量（mm）	项目方案	加权平均设计降雨量（mm）
方案一	29.68	方案四	27.00
方案二	32.71	方案五	29.98
方案三	34.84		

3.3 基于优化算法的设计优化研究

3.3.1 基于优化算法的设计优化方法

3.3.1.1 项目优化方法概述

近年来在城市雨水利用、洪涝灾害防治和水环境治理领域的研究中，国内外专家越来越倾向于将优化算法融入水力计算过程，将管网水力计算公式作为仿真过程或直接与水力计算模型结合，形成了一些成功案例。

1. 直接优化法

直接优化法是直接根据有限的试验或模拟，经过计算得到结果，并确定一个目标函数，并将各方案结果与目标函数进行比较，从而获得全局最优解或符合设定目标的满意解的方案，这种方法简单明了且易于验证结果。直接优化方法在城市雨洪综合管理领域内属于最普遍、最便捷的优化方法，国内学者运用直接优化方法设计城市管网系统进行了优化求解，为排水管网的方案设计优化提供了一种全新的思路。

2. 线性规划法

线性规划法是运筹学中常用的一种算法，可以根据目标函数和约束条件来求解变量，是一种变量处理能力强、效率较高、可靠性和确定性较强的优化算法。在规划设计过程中线性规划法被广泛地引入城市雨洪综合管理领域，国内外专家学者基于海绵城市建设理念和低影响开发技术要点，针对小区的海绵城市改造问题，以径流系数和污染物为约束条件，以总建设成本为优化目标，构建了低影响开发的线性规划模型，并获得了优化方案结果。

3. 遗传算法

遗传算法（Genetic Algorithm，GA）是模仿生物种群进化过程的智能优化算法，在解决数学计算问题和工程设计中被广泛采用。遗传算法在城市雨洪管理方面早有应用，Goldberg等人于1987年首次提出应用GA来解决管网优化设计问题。通过将离散的标准管径作为控制变量，对标准管径进行二进制编码，经过遗传算法的交叉、变异和筛选，完成优化过程从而得到最终解。由于遗传算法通常采用二进制编码，在寻优计算过程中随控制变量增加程序越加复杂，最终导致计算负荷大大增加，为避免这一情况，Vairavamoorthy等人提出了通过缩小搜索范围从而减少计算时长的优化方法。

NSGA-Ⅱ是一种模拟自然界生物群体进化过程的全局优化搜索算法，同时具备精英保留策略和非控制排序的特征，由多个决策变量、多个目标函数和多个约束组成。该算法以群体中的所有个体为对象，通过选择、交叉和变异等非支配排序遗传算法的主要步骤,对种群进行多目标下的优化。相比于使用传统的数学算法,可以节省大量的时间和人力,结果也更加精确可信。

国内外专家学者广泛应用遗传算法从管径、坡度、埋深、检查井数量等角度来解决已定管线的排水管道系统的优化设计问题,遗传算法在满足设计规范的基础上,节省了大量的建设成本,相比于其他优化方法,该方法较好地解决了大型工程的优化问题。

4. 蚁群算法

蚁群算法(Ant Colony System,ACS)是一种模拟蚁群寻找食物所用最短路径的优化算法。它将优化问题的可行解概化为每只蚂蚁寻找食物所用的路径,整个蚂蚁群所能走的所有路径构成了解决问题的所有可行解集。蚁群算法模拟真实的蚁群寻觅食物的过程,一群中的某一只蚂蚁觅食的路径越短,路径上留下的信息素就越多,该路径就会吸引更多的蚂蚁前来,最终整个蚁群会选择最短的路径,此时该路径对应的便是优化问题的最优解。

5. 粒子群算法

粒子群算法(Particle Swarm Optimization,PSO)是一种基于对鸟类在觅食过程中的聚集和迁徙行为进行模拟和研究的优化算法,是由Kemedy等人在1995年首次提出的基于种群的群体智能优化算法。该算法的基本原理是通过粒子间的信息共享,引导粒子飞向适应度较好的区域,由于粒子群算法操作相对简单,编码机制也相比于其他算法更加简洁,这样单个粒子就可以自动保存它所经历的最佳位置。由于PSO具有原理简单、易实现、收敛速度快且可调参数少等优点,被普遍应用于机械自动化、电子信息工程和其他工程方案设计优化领域,并取得了一定成效。

粒子群算法是一种快速有效的优化算法,但在优化计算大型管网系统时,优化的过程中会出现算法陷入局部最优的情况,因此,为解决管网优化设计中的局部最优问题,许多学者相继提出了改进的粒子群算法,例如Sedki等人提出的混合优化算法等。

6. 仿真模拟法

随着计算机行业的飞速发展,大量的给水管网、排水管网、水文学、流体力学等专业相关模拟软件被大量开发并逐渐应用于城市雨洪控制领域。它是利用模拟技术对排水系统的非恒定流进行模拟,准确分析计算排水管网在各种状况下的水力特性,通过模拟水流在管道中的真实流动过程,实现排水管网设计和运行管理的优化。通过应用这些仿真模拟软件,起到了对方案的校核检验作用,提升了方案的合理性,对于城市雨洪管理领域的实际意义较大,被规划设计人员广泛接受、应用并指导实际建设。

3.3.1.2 优化目标指标确定

项目设计方案具有复杂性和多目标性，涉及规划设计和科学研究中的设计方案优化问题往往属于多目标优化问题（Multi-objective Optimization Problem, MOP）。多目标优化问题通常是指存在两个或者两个以上优化目标的问题，与单目标优化相比，多目标优化通常要面对多个目标间相互制约，以及多目标带来的更多目标约束等问题。多目标优化问题受目标间决策变量的约束，即其中一个目标的优化必须以牺牲其他目标为代价，而且每个目标的单位往往不一致，很难客观评价与探讨多目标问题解决方案的利弊。通常情况下，多目标约束下的优化问题的解往往并不唯一，与单目标优化相比，多目标优化问题存在一个最优解集合，集合中所有解称为最优或非劣最优解。在解决多目标优化问题时的一个简单思路是将各目标的评价因素分配权重系数，之后将各因素线性组合，转化为一个单目标的优化问题。

在国内外以往的研究中，城市雨洪综合管理领域内的一般系统设计优化往往存在目标较少的问题，以管网系统优化为例，优化目标通常为管道的建设费用或者其他水力性能等单一目标，系统工程的优化设计涉及环境效益、经济成本和运行维护等诸多因素，因此应综合考虑系统设计中涉及的各种因素，采用多目标的优化设计。

3.3.1.3 约束条件确定

优化模型求解是根据约束条件不断获取最优值的过程。因此，约束条件的设置对模型计算结果的精确程度具有显著影响，考虑周密、符合实际的约束条件有利于取得最优值。

LID设施的建设能够有效缓解城市化带来的城市内涝积水、水体环境污染等方面的问题，带来多方面的效益，但同时也使得城市建设的成本和潜在环境影响增加。考虑经济和环境双重目标，旨在构建低影响开发雨水系统时，以较低的成本充分发挥其环境价值。基于多目标优化算法，一般以LID设施建设规模和年径流总量控制率要求区间为约束条件，构建多目标优化模型，力图平衡成本和效益之间的关系，使得海绵城市的低影响开发能够以尽量小的经济成本获得较大的环境效益。在低影响开发方案的实际工程中，由于受到各类用地下垫面面积的限制，低影响开发设施的面积是有限的。对于各类低影响开发设施面积上、下限，渗透铺装由不同用地内的铺装面积确定；绿色屋顶由不同用地内的屋顶面积确定；下凹绿地和生物滞留设施由不同用地内的绿化面积确定。LID设施建设规模应小于其最大可能的建设面积。年径流总量控制率是海绵城市建设最重要的控制目标。在《海绵城市建设技术指南——低影响开发雨水系统构建（试行）》中，对各地的年径流总量控制率都作了相应的规定，因此也作为重要的约束条件。

3.3.1.4 优化结果分析

依照规划区域的海绵城市建设目标设计方案，基于多目标优化理论，借助模型与优化算法对规划区域进行多目标优化求解，进行优化结果研究。

对构建好的模型实现自动运算和优化设计，并立足于城市雨水工程建设实际项目，将多目标优化理念和优化算法应用到实际工程项目中，通过计算机模型和算法衔接，可以为规划区域规划设计方案的优化提供思路。

3.3.2 基于优化算法的设计优化案例

3.3.2.1 研究区域概况

研究区域位于北京市海绵城市建设试点区域的合流制区域（图3-29）。该区域总面积约为 3km^2。两个合流制溢流口上游设有截污闸门，闸门附近设有 80cm 高的溢流堰，管涵中闸门在旱季关闭，在雨季人工开启闸门。当产生的雨、污水量较少时，将直接被截入污水干管，排放至下游污水处理厂；当雨、污水量较大漫过溢流堰时，便发生合流制溢流现象。现状污水处理厂未设置前池，暴雨时合流制雨、污水在厂前排入河道。

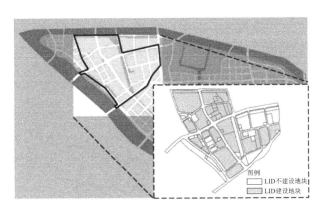

图 3-29 研究区域概况图

通州区气候属温带大陆性半湿润季风气候区，春天干旱少雨；夏季炎热多雨。多年平均降水量为 535.9mm，多年平均蒸发量为 1308mm。汛期（6月—8月）降水量占全年降水量的 80% 以上，汛期降水又常集中在 7 月下旬和 8 月上旬。多年平均气温为 14.6℃。

该区域为老城区，合改分面临耗费时间长、投入资金和实施难度大、难以达到预期目标等问题，因此采用"源头建设＋截流管网改造＋合流制溢流调蓄池＋污水处理厂前池建设"的 CSO 系统控制策略，系统设计如图 3-30 所示。

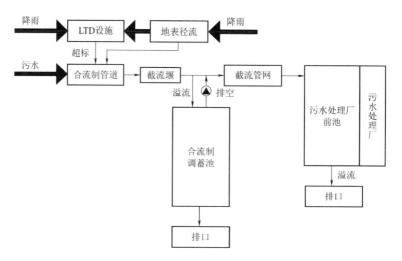

图 3-30 CSO 污染控制系统示意图

将流入下游污水处理厂不能处理的污水定义为厂前溢流,污水直接排入河流,将厂前溢流也概化为溢流口溢流。通过在污水处理厂前建设前池,进而削减溢流雨、污水量。在现状两个合流制溢流口前设置调蓄池,即 CSO 控制系统中有 3 个调蓄池和 3 个溢流口。CSO 控制系统中设定调蓄池在降雨时调蓄合流雨、污水,降雨结束时将池内污水排入污水处理厂,故将三个调蓄池设施都归为末端设施。结合当地实际建设情况,对能够进行 LID 源头建设的项目及其他 CSO 控制设施进行了统计,建设与改造项目分布情况如图 3-31 所示。

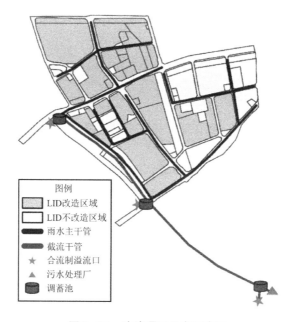

图 3-31 改造项目分布示意图

3.3.2.2 研究区监测情况

选取 4 个降雨事件进行模型主要水文参数的率定和验证，其中，模型率定采用 2018 年 6 月 26 日、2018 年 7 月 7 日的降雨事件，模型验证采用 2018 年 7 月 11 日、2018 年 7 月 16 日的降雨事件。降雨信息见表 3-11。

模型参数率定和验证选用降雨信息 表 3-11

降雨事件	降雨量（mm）	降雨历时（h）	最大降雨强度（mm/min）
2018 年 6 月 26 日	20	3.5	0.20
2018 年 7 月 7 日	26	16.9	0.20
2018 年 7 月 11 日	30	23.8	0.11
2018 年 7 月 16 日	11	3.5	0.10

3.3.2.3 模型构建

在 SWMM 模型中通过 Controls 设定溢流口 1、溢流口 2 合流制调蓄池污水泵站的运行工况，设定泵站运行工况以降雨后的某一节点水位深度为参照指标，控制泵站启动与关闭，以保证污水泵站不在雨天运行且不额外造成污水处理厂厂前溢流。对研究区域进行模型构建，示意图如图 3-32 所示。

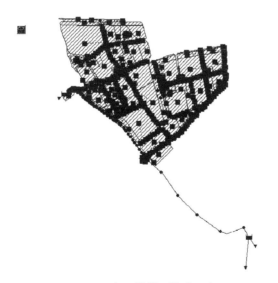

图 3-32 研究区域模型构建示意图

3.3.2.4 模型参数率定验证

1. 指标选取

选用 Nash-Sutcliffe 效率系数（E_{NS}）作为模型模拟结果的评价指标，分别检验模拟值与监测值的吻合程度，以及模拟曲线与监测曲线的线性相关程度。

2.模型参数的率定

采用 2018 年 6 月 26 日和 2018 年 7 月 7 日的实测降雨数据和流量数据对研究区域进行模型水文水力参数率定，结果如图 3-33 所示。

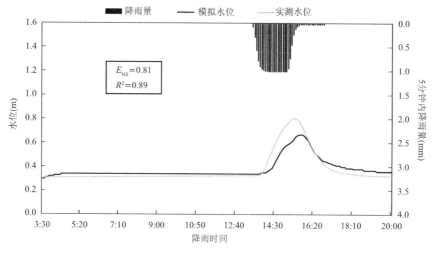

图 3-33 研究区域水量模型参数率定结果（2018 年 6 月 26 日）

由图 3-33、图 3-34 可知，2018 年 6 月 26 日率定结果为 E_{NS}=0.81，2018 年 7 月 7 日率定结果为 E_{NS}=0.98，说明监测值和模拟值拟合较好，构建的模型可用于后续研究分析。

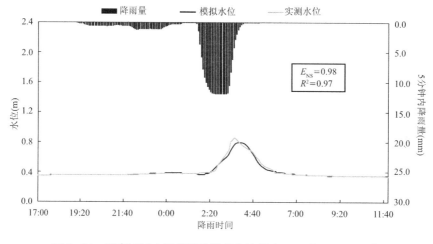

图 3-34 研究区域水量模型参数率定结果（2018 年 7 月 7 日）

3.模型参数的验证

采用 2018 年 7 月 11 日和 2018 年 7 月 16 日的实测降雨数据和流量数据对研究区域进行模型水文水力参数验证，结果如图 3-35 所示。

由图 3-35、图 3-36 可知，2018 年 7 月 11 日验证结果为 E_{NS}=0.73，2018 年 7 月 16 日验证结果为 E_{NS}=0.76，说明监测值和模拟值拟合较好，构建的模型可用于后续研究分析。

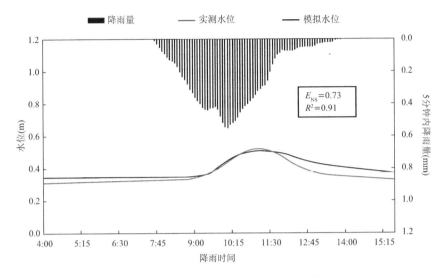

图 3-35　研究区域水量模型参数验证结果（2018 年 7 月 11 日）

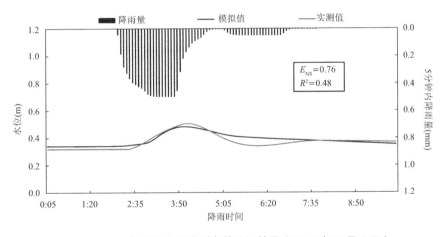

图 3-36　研究区域水量模型参数验证结果（2018 年 7 月 6 日）

3.3.2.5　基于优化算法的智能优化

以降低系统建设成本和提高 CSO 削减率作为目标函数，在此基础上建立 CSO 控制系统的多目标优化模型。

1. 优化方法

CSO 控制系统的优化设计主要从两个方面入手：经济性优化和功能性优化。经济性优化是以最优化理论为基础，以整体系统造价最小为目标函数，寻求满足各类约束条件下的设计方案，通常采用的方法包括线性规划法、非线性规划法、动态规划法和智能优化算法等。功能性优化设计主要通过构建模型的方法来进行CSO污水量削减的优化设计。

由于方案设计中的CSO污染控制系统具有多目标、参数复杂、模型运行时间长等特点，故采用搜索范围较广、结果精确、优化过程自动化的NSGA-Ⅱ作为优化算法。本次方案优化在NSGA-Ⅱ的优化过程中采用二元锦标赛选择法和群体精英保留策略，将父代种群和子代种群合并后，选择其中最优的个体构成下一代个体，提高优化过程中的收敛速度和优化效率。

2. 建设目标

1）建设成本

建设成本由源头LID设施、管道及合流制溢流调蓄池的工程造价组成，暂未考虑运维成本，目标是在保证系统组成合理、提高CSO削减率的同时，尽量减少建设投资。

方案中的各类源头LID设施以及合流制调蓄池的造价参考《海绵城市建设典型案例》和北京地区其他海绵城市建设案例确定，源头LID设施透水铺装300元/m^2，生物滞留设施500元/m^2，雨水调蓄池2500元/m^3，末端调蓄设施合流制调蓄池和污水处理厂前池1500元/m^3。源头LID设施和调蓄池建设成本见式（3-2）和式（3-3）。

$$Z_1 = \sum_{j=1}^{m}\sum_{i=1}^{n} M_{ij} B_j \quad (3-2)$$

式中　Z_1——源头LID设施建设成本，元；

　　　M_{ij}——第j项设施在第i个地块所占面积，m^2；

　　　B_j——第j个设施的建设成本单价，元。

$$Z_2 = \sum_{i=1}^{n} V_i B \quad (3-3)$$

式中　Z_2——合流制溢流调蓄池及污水处理厂前池建设成本，元；

　　　V_i——第i个调蓄池的建设体积，m^3；

　　　B——调蓄池的建设成本单价，元。

由于管道工程中管道的埋深基本不变，成本大多数来源于管网的翻修和替换，故本方案CSO控制系统中的管道改造成本见式（3-4）和式（3-5）。

$$Z_3 = \sum_{i=1}^{m}\left(14.42 - 17.75 H_i + 3.55 H_i^2 + 133.18 H_i D_i + 40.2 D_i + 79.37 D_i^2 + 164.26 D_i^2\right) l_i$$
$$(3-4)$$

式中　Z_3——管道改建成本，元；

　　　H——管道平均埋深，m；

D——管道直径，m；

l——管道长度；m。

建设成本目标公式如下：

$$G_1 = \min(Z_1 + Z_2 + Z_3) \quad (3-5)$$

式中　G_1——区域的建设投资目标，元。

2）CSO削减率

方案中共涉及3个溢流口，将3个溢流口的总溢流削减率作为区域CSO溢流削减率，该目标在模型中体现如下：

$$G_2 = \max[1-(V_1 + V_2 + V_3)/V_0] \quad (3-6)$$

式中　G_2——区域的合流制雨、污水控制目标；

V_0——改造前区域的合流制雨、污水溢流量，m^3；

V_1——溢流口1的合流制雨、污水溢流量，m^3；

V_2——溢流口2的合流制雨、污水溢流量，m^3；

V_3——溢流口3的合流制雨、污水溢流量，m^3。

3. 约束条件

为更加准确快速地获取优化结果，结合实际建设条件，在多目标优化模型中设定5个约束条件，包括LID设施建设面积约束、合流制溢流调蓄池和前池建设条件约束、管道建设条件约束、调蓄池排空时间约束和污水处理厂进水约束。

1）LID设施建设面积约束

源头LID设施的建设面积是一项重要的约束条件，如停车场、人行道、屋顶、绿地等区域的总面积决定了LID设施的最大面积，将其作为优化设计的约束条件，构成以下函数：

$$A_{ki} \leqslant M_{A_{ki}} \forall k,i \quad (3-7)$$

式中　A_{ki}——第i个LID设施占k分区的面积，m^2；

$M_{A_{ki}}$——第i个LID设施占k分区的最大面积，m^2。

2）合流制溢流调蓄池和前池建设条件约束

合流制调蓄池和前池在实际建设中往往受到选址地点的最大建设面积和最大建设深度影响，方案优化中合流制调蓄池和前池的条件约束在模型中体现为最大建设体积，构成以下函数：

$$V_i \leqslant M_{V_i} \forall i \quad (3-8)$$

式中　V_i——第i个调蓄池或前池的建设体积，m^3；

M_{V_i}——第i个调蓄池或前池的最大建设体积，m^3。

3）管道建设条件约束

将下游管道大于或等于上游管道管径作为 CSO 控制系统截流管道建设的约束条件，且改造管径大于或等于改造范围外的上游管段管径、小于或等于改造范围外的下游管径，需满足式（3-9）：

$$D \geqslant D_{n+1} \geqslant D_n \geqslant D_1 \quad (3-9)$$

式中　D——污水处理厂前污水干管管径，m；

D_n——管段第 n 个截流管段管径，m；

D_1——管段第 1 个截流管段管径，m。

4）调蓄池排空时间约束

为保证 CSO 调蓄池可以在时间接近的两场降雨中发挥作用，设定调蓄池排水泵站在雨停时开启，排空时间由下游污水处理厂处理能力决定，下游污水处理厂每日运转负荷为 3.5 万 m^3/d，最大负荷为 4 万 m^3/d，有 5000m^3/d 的剩余负荷量可供合流制区域利用，故调蓄池泵站运转功率须满足式（3-10）：

$$P_n \leqslant \frac{V_n P_0}{\sum_{i=1}^{n} V_i} \quad (3-10)$$

式中　P_n——第 n 个调蓄池泵站的运行功率，m^3/s；

P_0——下游污水处理厂所能容纳的剩余负荷量，本次研究中固定值为 0.058m^3/s；

V_n——第 n 个调蓄池的实际调蓄空间，m^3。

5）污水处理厂进水约束

CSO 雨、污水由前池进入污水处理厂的过程中，由于污水处理厂存在处理能力上的限制，故需要满足最大进水量约束，约束公式如下：

$$Q_0 \leqslant Q_{0\max} \quad (3-11)$$

式中　Q_0——污水处理厂入厂流量，m^3/s；

$Q_{0\max}$——污水处理厂最大入厂流量，m^3/s。

4. 优化结果分析

方案优化目标包括水量优化目标（区域 CSO 削减率）和成本优化目标（建设成本）两个，对 CSO 削减目标优化规律进行研究。

1）不同类型方案的区域 CSO 削减率

如图 3-37 所示，综合方案为本研究的优化结果。为进一步分析源头、中途、末端措施可发挥的作用，将优化结果拆分为三类方案，并命名为源头方案、中途方案与末端方案，其中源头方案即仅实施源头 LID 设施建设部分，中途方案即仅采用截流管网改造部分，末端方案即仅采用位于末端三个溢流排口前的末端调蓄池建设部分。

第 3 章 基于模型模拟的规划设计优化

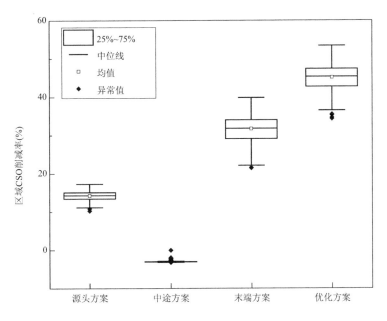

图 3-37 四类方案 CSO 削减贡献率示意图

四类方案 CSO 削减率统计表　　　　　　　表 3-12

方案类型	源头方案	中途方案	末端方案	综合方案
CSO 削减率最大值	17.34%	-1.895%	39.83%	53.42%
CSO 削减率最小值	10.27%	-3.23%	21.46%	34.33%
CSO 削减率平均值	14.24%	-2.95%	31.67%	45.09%

源头、中途、末端和综合方案的 CSO 削减率见表 3-12，对比贡献率得出以下结论：

（1）以 CSO 雨、污水量控制为指标时，在 3 年一遇设计降雨条件下末端合流制调蓄池的建设发挥较好作用，另两类设施的建设效果相对较低，仅建设末端合流制调蓄池区域的整体溢流削减率为 21.46%～31.67%。

（2）从整体上看，在不涉及其他项目改造的前提下，截流管网改造对区域整体的贡献为负值，在 3 年一遇设计降雨条件下单独的截流管网改造会使区域溢流量增多，所以截流管网改造还需要配合其他设施改造和建设才能发挥积极作用。

（3）综合源头 LID 设施建设、截流管网改造和末端调蓄设施的 CSO 控制系统综合方案，相对于仅建设末端合流制调蓄池的末端方案建设效益有相应提高，综合方案能使区域整体溢流削减率达到 34.33%～53.42%。

2）溢流口位置与 CSO 削减率间的关系

将综合方案与源头、中途、末端三类方案结果作进一步对比分析，取区域中三个溢流口的溢流削减率进行对比研究，如图 3-38 所示。

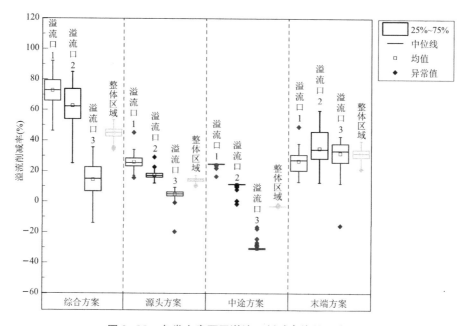

图 3-38 各类方案不同溢流口削减率均值示意图

通过对比不同类型方案和不同溢流口的 CSO 削减率，发现源头方案、中途方案、综合方案的三个溢流口 CSO 削减率从上游到下游依次降低。对于综合方案，降雨时上游溢流口 CSO 的削减一部分依靠源头 LID 设施的雨量滞蓄分担减少雨水汇入，另一部分由于截流管网的改扩建增大了排水能力而排入下游，下游管道承接的上游管道来水流量增大，且越靠近下游管道，管道中的上游来水流量越大，进而导致越靠近下游 CSO 的削减就越困难。截流管网改造导致区域 CSO 削减率为负值的原因在于截流能力的增加使得改造后满管情况有所降低，上游雨水管网收水能力增强，上游区域产生的一部分积水被收集到管道，从而导致下游管道流量加大。末端方案与其他三类方案结果存在不同规律，受末端调蓄设施建设条件限制，溢流口 1 溢流削减率相对较低，而溢流口 2 溢流削减率相对较高，说明合理建设末端设施可以大幅度削减中下游溢流口的 CSO。

3）建设成本优化规律研究

为分析区域 CSO 削减率与不同类型方案建设成本间的关系，将优化结果方案拆分为源头方案、中途方案与末端方案分别进行研究，单独研究某一方案时不涉及其他两类改造方案。建设成本优化结果如图 3-39 所示。区域整体建设总成本为 2.26 亿元～3.67 亿元，其中源头 LID 设施建设成本最高，中途截流管网建设成本最低，末端调蓄池建设成本相对源头 LID 设施建设部分较低。

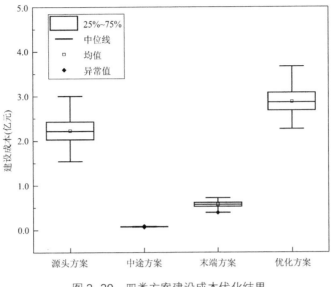

图 3-39　四类方案建设成本优化结果

源头方案建设成本与区域 CSO 削减率关系如图 3-40 所示，两者呈正相关关系。源头 LID 设施建设对于 CSO 削减率的贡献较低，成本较高。但源头 LID 设施基于可持续发展的理念，与截流管网改造、合流制调蓄池建设相比，更多的回报在于雨水回用、地下水涵养、景观提升等诸多方面，关于源头 LID 建设与截流管网改造、合流制调蓄池建设的优化还需要综合考虑这些效益。

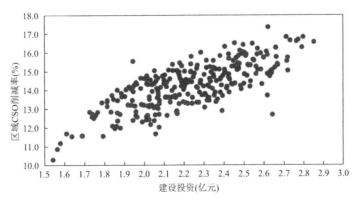

图 3-40　源头方案建设效益

中途方案效果如图 3-41 所示，中途方案的建设成本变化对区域整体溢流削减率的影响较小。中途方案在系统建设成本中的平均占比最小。由于中途方案为管网改造方案，在实际建设过程中往往不会单独用于控制 CSO，结合前文结论，单独的截流管网改造会使区域整体溢流量增加，配合其他类型设施建设可以发挥正面作用。

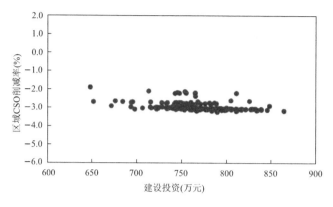

图 3-41　中途方案建设效益

末端方案效果如图 3-42 所示，末端方案的建设成本与区域整体溢流削减率大体上成正比关系，随着建设成本的增加，CSO 削减率提高。区域 CSO 削减率的贡献平均值为 31.67%，成本居中。但由于调蓄池的运维和新增污水的处理需一定的费用，因此比选时不应仅考虑建设成本。

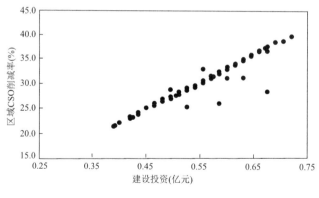

图 3-42　末端方案建设效益

4）多目标优化规律

借助 NSGA-Ⅱ对 CSO 控制系统建设方案进行优化并得到了一系列优化结果（Pareto 解集），如图 3-43 所示。从成本与效益间关系可知，虽然随 CSO 控制系统建设成本增加，区域整体溢流削减率有增高趋势，但建设成本的增加并不是决定性因素。

第3章 基于模型模拟的规划设计优化

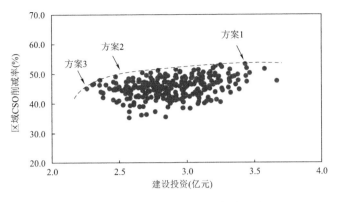

图 3-43 优化结果中的相对较优方案

在工程的实际建设过程中规划决策者需要均衡建设成本与建设效益,二者难以完全兼顾。遵循减少建设成本与提高建设效益的原则,从优化结果中筛选位于图 3-43 上边界的相对较优方案,得到具有代表性的三套方案,方案结果见表 3-13。方案 1 是相对较优方案中建设成本最高的一套方案,区域整体 CSO 削减率也相对最高;方案 3 建设成本在 3 套方案里最低,且区域整体 CSO 削减率是相对较优方案中最低的,为 44.72%,在所有优化结果中相对居中;方案 2 位于边界线上转折处,转折点之后随建设成本增加,区域整体 CSO 削减率的增高不再明显。因此,当规划建设决策者侧重 CSO 控制系统的建设成本时,可选择方案 3;侧重区域整体 CSO 削减率时,可选择方案 1;如果寻求两者较均衡的方案时,可选择方案 2。

3 套相对较优方案 表 3-13

项目	系统建设成本(亿元)	区域整体 CSO 削减率(%)
方案 1	3.43	53.42
方案 2	2.51	49.49
方案 3	2.26	44.72

第4章 基于模型模拟的产汇流规律研究

4.1 概述

低影响开发雨水系统建设目标涵盖雨水径流外排水量削减、水质控制与水生态修复等多重目标，需要通过不同的途径、措施得以实现。

低影响开发雨水系统的影响因素包括对模型模拟的准确性影响和对产汇流规律的影响因素。低影响开发雨水系统的下渗方式主要是缝隙下渗，常用径流系数、蓄满产流和径流曲线数法（SCS-CN曲线）等方法模拟。不同低影响开发雨水系统对产汇流过程的影响存在差异，重点作用于产汇流过程的某个或者某几个环节。低影响开发雨水系统通过对产汇流过程不同环节的影响，达到调控城市水循环和防治洪涝灾害的目的。因此，模拟低影响开发雨水系统的径流、蒸发、下渗等城市产汇流过程，是研究产汇流规律的基础。

产汇流规律影响因素又分为内部因素和外部因素，影响产汇流规律的内部因素可分为设施特征和汇水面特征两大类因素：设施特征参数视设施类型而定，包括设施规模、土壤入渗、有无排空管和布置形式等；汇水面特征参数包括不渗透面积比、下垫面类型、汇水面积和汇水区竖向条件等。影响产汇流规律的外部因素可分为降雨特征和其他因素：降雨特征包括降雨量、降雨间隔、降雨历时、降雨强度、雨型等参数；此外，气候条件、季节、温度以及设施的运行维护状况也在一定程度影响径流控制效果。低影响开发应用效果的影响因素如图4-1所示。

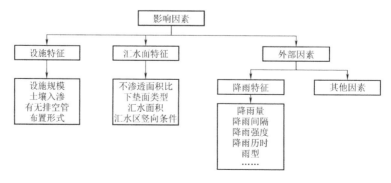

图4-1 低影响开发雨水系统应用效果的影响因素

4.2 影响产汇流规律的因素

4.2.1 内部因素

4.2.1.1 设施特征因素

设施特征主要包括设施规模、设施面积比例、土壤条件（入渗能力）、有无排空管、设施布置形式等，它们是低影响开发雨水设施控制径流的重要影响因素。设施规模包括设施面积、调蓄容积，设施规模是LID设施径流控制效果的关键因素，决定了控制径流量的多少。土壤特性对LID设施的选择和效果至关重要，渗透速率是低影响开发渗透设施土壤结构的关键设计指标，其由土壤的孔隙率决定，影响设施土壤层的储水能力以及设施的排空时间。设施土壤入渗能力包括表层入渗速率和底层入渗速率，种植土层和填料层的孔隙率决定土壤表层入渗能力，土壤是否换填及填料的配比对设施入渗能力至关重要；底层入渗速率是低影响开发渗透设施排空的重要因素，在没有排空管条件下，底层入渗速率控制设施雨水径流外排速率。

4.2.1.2 汇水面因素

汇水面特征是影响汇水区产汇流的重要参数，一般包括不渗透面积比例、下垫面类型、汇水区竖向条件等。不渗透面积比是汇水区内硬化面积所占的比例，结合下垫面的类型多以径流系数的形式表现，影响汇水区的产流能力。下垫面的平面分布影响汇水区的汇流路径及汇流时间。汇水区竖向条件为下垫面间的竖向衔接关系，决定雨水径流的走向、设施的位置及设施是否能收集到雨水径流。

4.2.2 外部因素

4.2.2.1 降雨特征因素

降雨特征是LID设施径流控制效果的重要外部影响因素，若在汇水面特征和设施特征一定的条件下，降雨特征成为影响低影响开发雨水设施径流控制效果的关键因素。降雨特征包括降雨量、降雨间隔、降雨历时、降雨强度、雨型等因素。降雨量是LID设施规模设计的重要参数，《海绵城市建设技术指南——低影响开发雨水系统构建（试行）》以24h（20:00—次日20:00）日降雨量资料为统计数据，统计得出的年径流总量控制率-设计降雨量关系曲线为雨水设施规模设计提供理论依据。降雨间隔即雨前干期，是影响土壤含水率的主要因素之一，直接影响生物滞留设施有效蓄水容积和初始入渗能力。研究成果表明，降雨间隔越大，土壤含水量越低，其滞留雨水和下渗的能力越强。此外，在降雨频繁的雨季，雨水设施需要应对持续、间隔时间短的降雨事件，如果雨水设施未及时排空，其剩余的调蓄空间不足以应对下一场降雨的冲击，使得雨水设施的径流控制效果受到一定的影响。降雨历时与降雨量决定平均降雨强度，降雨强度与下渗速率比值决定是否产流，根据产汇流基本理论，当降雨强度大于下渗速率时，地表以超渗产流为主。降雨雨型，降雨过程中降雨量随时间变化的分布情况，一般可用雨峰系数来表示。

1. 最小降雨间隔确定

长历时降雨资料由连续的降雨事件组成，降雨间隔是两场降雨之间无降雨的持续时间。一般而言，对于连续记录的降雨资料，我们需要确定最小降雨间隔用以划分不同场次降雨。然而，由于降雨的随机性，最小降雨间隔的选取没有统一标准，且受人为主观因素影响较大。若最小降雨间隔小于实际降雨间隔，则会导致同一场降雨被人为分开；若最小降雨间隔大于实际降雨间隔，则两场独立降雨事件会被定义为一场降雨。此外，确定降雨场次后，可统计得出场次降雨量和降雨历时等数据资料，以求进一步开展分析。

统计参数是反映随机变量序列数值大小、变化幅度、对称程度情况的数量特征值，因而能反映水文现象基本的统计规律，概括水文现象的基本特征和分布特点。

1）均值

均值是反映随机变量系列平均情况的数，是随机变量最基本的位置特征。

$$\bar{x} = \frac{1}{n}\sum_{i=1}^{n} x_i \tag{4-1}$$

式中　$\bar{x}$——均值；

　　　n——样本容量；

　　　x_i——样本数据。

2）标准偏差

标准偏差（Standard Deviation），又称均方差，反映数据系列的离散程度，是实测系列中各随机变量离均差的平均情况。标准差大，说明系列在均值两旁的分布较分散，变化幅度大，反之则说明数据离散程度小，变化幅度小。

$$S_\mathrm{d} = \sqrt{\frac{\sum(x_i - \bar{x})^2}{n-1}} \tag{4-2}$$

式中　S_d——标准偏差；

　　　n——样本容量；

　　　x_i——样本数据；

　　　$\bar{x}$——均值。

3）偏态系数

偏态系数说明了系列的离散程度，但不能反映均值两旁的分布是否对称，随机系列分配不对称程度的统计参数，以偏态系数 C_s 表示。

$$C_s = \frac{\sum(x_i - \bar{x})^3}{nS_d^3} \quad (4-3)$$

式中　C_s——偏态系数；

　　　n——样本容量；

　　　x_i——样本数据；

　　　$\bar{x}$——均值；

　　　S_d——标准偏差。

4）变差系数

变差系数（Coefficient of Variation），又称离差系数，是均方差和均值的比值，以 C_v 表示。

$$C_v = \frac{S_d}{\bar{x}} = \frac{1}{\bar{x}}\sqrt{\frac{\sum(x_i - \bar{x})^2}{n-1}} \quad (4-4)$$

式中　C_v——偏态系数；

　　　n——样本容量；

　　　x_i——样本数据；

　　　$\bar{x}$——均值；

　　　S_d——标准偏差。

2. 径流总量控制曲线分析

设计降雨量是 LID 设施规模设计、计算的重要依据之一，可以依据设计降雨量确定 LID 设施规模。我国海绵城市建设年径流总量控制率目标和美国国家环境保护局（EPA）技术导则中水质控制容积目标计算方法中采用的降雨场次都是按照日降雨量来划分的，是以场次降雨量为基础根据统计学的方法求得的。不同降雨数据统计方法下，将对 LID 设施的规模产生影响。日降雨数据的统计方法并未考虑实际降雨间隔对设施的影响，但考虑到场雨的获取需要小时乃至分钟降雨数据，从操作层面来说，指南统计方法更为方便。

4.2.2.2 其他因素

其他因素主要包括气候、气象条件、设施维护管理等方面。Emerson 和 Muthanna 研究表明，不同气象条件下雨水设施的径流控制效果差异较大。多年经验表明，生物滞留雨水渗透式设施依旧存在堵塞和长效运行问题。雨水径流中的沉积物进入设施中，土壤在设施表层累积，并逐渐形成一层硬质沉积物堵塞设施。同时，堵塞效应也可能发生在过滤层，固体沉积物随雨水迁移进入过滤层的上部，降低雨水设施的下渗速率。随着渗透速率的降低，设施排空时间延长。

研究表明，当雨水花园下渗速率小于25.4mm/h，表明堵塞效应严重，需要进行维护修理或更换填料层。雨水设施下渗速率过低会导致设施内积水过长（大于12h），过长的积水时间容易引发蚊虫滋生等问题，影响居民生活质量。此外，积水时间还需要考虑植物的耐淹能力，从而不影响植物的生长。在设计阶段，渗透设施下渗速率应取保守标准，最小入渗速率一般不应低于25.4mm/h。在设施运行过程中，当下渗速率低于最小入渗速率时，需要及时更换设施内部填料。然而，土壤的持水性问题也是我们需要考虑的，过高的入渗能力需要增加土壤的孔隙率，这将大大削减土壤含水能力，不利于植物的生长。

4.3 案例分析

选取北京市经济技术开发区的低影响开发停车场示范项目和北京市通州区紫荆雅园建筑住宅小区为研究对象，对影响产汇流规律的因素进行模拟研究。

4.3.1 研究区域概况

低影响开发停车场示范项目位于北京市经济技术开发区，总占地面积约为2.08hm²，其中硬化面积为1.6 hm²，主要为硬化铺装道路，不透水率为77%，停车场平面布局图如图4-2所示。停车场内部设有停车位492个，停车场于2014年建成并投入使用。

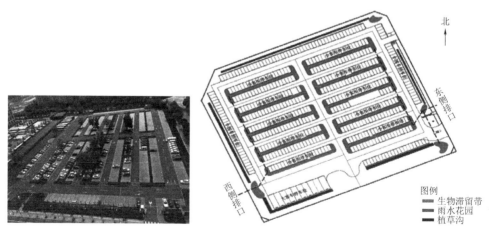

图4-2 低影响开发停车场总体实景图及雨水设施平面布局图

低影响开发建筑小区项目位于北京市通州区，项目概况详见2.2.2.2节。根据现状地形、排水管网、检查井情况，小区可划分为5个汇水分区。

4.3.2 研究区监测情况

为了对低影响开发停车场运行效果进行评价，于 2016 年 6 月—10 月对停车场的径流外排情况进行了监测工作。根据研究区域的土地利用现状以及排水管网分布情况，停车场可划分为东、西两个汇水分区，停车场的东、西两侧各设计一个雨水外排口，接入停车场外市政管线。停车场内部排水情况明确，且雨水排口仅有两个，因此将两个雨水外排口都设置为监测点，监测停车场在降雨期间雨水径流外排情况，对停车场低影响开发雨水设施运行效果进行评价。低影响开发停车场监测点位如图 4-3 所示。

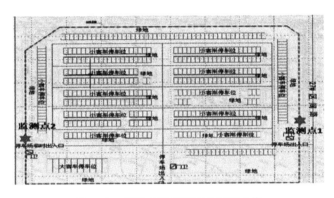

图 4-3 低影响开发停车场监测点位

监测期间，降雨监测采用 Hobo U30 型气象站，监测点位于停车场附近某办公楼屋顶，精度为 0.2mm，记录时间间隔为 1min。流量监测采用 Hach FL900 型超声波流量计，监测点位于距停车场 2km 处某办公楼屋顶。流量计记录间隔为 1min，流量计监测点位于停车场东、西侧两个雨水管道外排口。径流水质监测采用人工采集水样，水样采集原则：开始的 30min 每 5min 一个水样，随后的 30min 每 10min 一个水样，后 1h 隔 30min 采集一个水样，最后每隔 1h 采集一个水样。降雨采样结束后，将采集水样编号分类，于 24h 内分析测样。

低影响开发建筑小区监测点位及降雨监测情况详见 2.2.2.2 节。

4.3.3 模型构建

根据研究区域的土地利用现状以及排水管网分布情况，构建低影响开发停车场 SWMM 雨洪模型。研究区域可概化为子集水区 87 个，雨水管段数量为 20 个，检查井 14 个，雨水管排口 2 个，分东、西两个管网排口。模型概化结果如图 4-4 所示。在 SWMM 模型中，LID 雨水设施的处理方式可分为两种：（1）在子集水区内放置一种或者多种控制，取代等量的子集水区内非 LID 设施部分；

（2）创建新的子汇水作为单一的 LID 雨水设施。因该低影响开发停车场区域面积较小且雨水设施易于单独划分，研究采用方法（2），将独立子集水区布置为 LID 雨水设施。

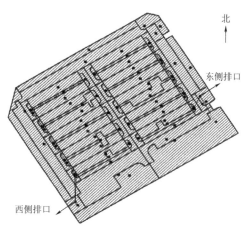

图 4-4　低影响开发停车场子集水区模型概化

根据研究区域的土地利用现状以及排水管网分布情况，在大汇水分区的基础上，以道路、房屋分布及现状雨水管网情况划分二级汇水分区，进一步划分汇水分区，将低影响开发建筑小区划分为 49 个子汇水分区。利用 SWMM 模型构建低影响开发建筑小区雨洪模型。研究区域可概化为子集水区 49 个，雨水管段数量为 71，检查井 71 个，雨水管排口 4 个。雨水管网分布及模型概化结果如图 4-5 所示。针对低影响开发建筑小区内的现状条件，模型中在子汇水区内放置低影响开发设施，原汇水区需扣除子汇水区内 LID 设施面积部分。

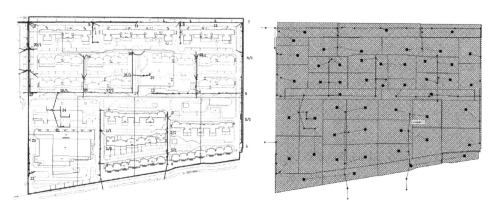

图 4-5　低影响开发建筑小区排水管网分布及 SWMM 模型构建

由于该小区为已建小区，建筑物位置、绿化的布局已经确定，故在低影响开发改造过程中，采用在不改变小区原有空间格局的基础上，以问题为导向，合理设置低影响开发设施，同时兼顾年径流总量控制率目标。

4.3.4　模型参数率定验证

本节仅对低影响开发停车场进行模型参数率定验证，低影响开发建筑小区的模型参数率定验证结果详见 2.2.2.2 节。

4.3.4.1 指标选取

选用 Nash-Sutcliffe 效率系数（E_{NS}）、相关系数平方（R^2）作为模型模拟结果的评价指标，分别检验模拟值与监测值的吻合程度，以及模拟曲线与监测曲线的线性相关程度。

4.3.4.2 模型参数的率定

由于现场监测工作的复杂性及不确定性，虽然期间对 8 场降雨开展监测工作，但是其中多场中、小降雨事件未产生径流，同时部分降雨监测场次还存在监测数据不完整等一系列问题。因此选取 2016 年 8 月 12 日较完整的降雨监测数据用于停车场模型的水文水力参数率定，结果如图 4-6 所示。

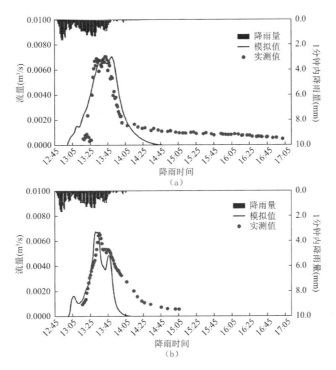

图 4-6 停车场模型水文水力参数率定结果
(a) 2016 年 8 月 12 日东侧排口率定结果；(b) 2016 年 8 月 12 日西侧排口率定结果

模型参数率定结果　　　　　　　　　　　　　　表 4-1

参数	取值
不透水区曼宁系数	0.013
透水区曼宁系数	0.25
不透水区洼地蓄水（mm）	2
透水区洼地蓄水（mm）	12

续表

参数		取值
无洼蓄不透水比例（%）		25
管道曼宁系数		0.012
霍顿参数	f_0（mm/h）	116.83
	f_c（mm/h）	36
	K（1/h）	4

由图 4-6 可知，东、西两侧排口监测点位流量率定结果 E_{NS} 值分别为 0.63 和 0.78，R^2 值均为 0.76，说明监测值和模拟值拟合较好，构建的模型可用于后续研究分析。各汇水面参数见表 4-1。

4.3.4.3 模型参数的验证

选取 2016 年 7 月 25 日的降雨事件监测数据对模型进行水文水力参数的验证，结果如图 4-7 所示。

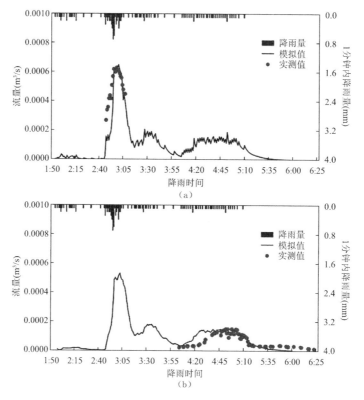

图 4-7 停车场模型水文水力参数验证结果

(a) 2016 年 7 月 25 日东侧排口验证结果；(b) 2016 年 7 月 25 日西侧排口验证结果

由图4-7可知，东、西两侧排口监测点位流量率定结果 E_{NS} 值分别为 0.63 和 0.82，R^2 值分别为 0.79 和 0.88，说明监测值和模拟值拟合较好，构建的模型可用于后续研究分析。

4.3.5 影响产汇流规律的因素研究

4.3.5.1 设施特征因素对径流控制效果的影响

为研究不同设施特征条件下低影响开发停车场和建筑小区对径流控制效果的影响，选用暴雨强度公式推导的设计降雨作为模型输入。选取降雨历时为 2h，重现期分别为 0.5 年、1 年、3 年、5 年、10 年的设计降雨量（图4-8）。

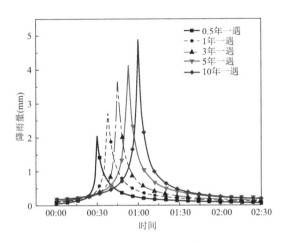

图 4-8 设计降雨量情况

为评估生物滞留设施的产汇流控制效果，Davis 等人将场次降雨径流削减率、峰值流量削减率、滞峰时间作为效果评价指标。本研究将采用以上三个指标，计算低影响开发停车场和建筑小区对产汇流的控制效果。公式如下：

$$VR_v = \frac{V_{\text{未LID改造}} - V_{\text{LID改造}}}{V_{\text{未LID改造}}} \quad (4-5)$$

$$QR_p = \frac{Q_{\text{P未LID改造}} - Q_{\text{PLID改造}}}{Q_{\text{P未LID改造}}} \quad (4-6)$$

$$TR = T_{\text{未LID改造}} - T_{\text{LID改造}} \quad (4-7)$$

式中 VR_v——场次降雨径流削减率，%；

QR_p——峰值流量削减率，%；

TR——滞峰时间，min；

$V_{\text{未LID改造}}$——未进行 LID 改造的径流量，m^3；

$V_{\text{LID改造}}$——进行 LID 改造的径流量，m^3；

$Q_{\text{P未LID改造}}$——未进行 LID 改造的流量峰值，m^3/s；

$Q_{PLID改造}$——进行 LID 改造后的流量峰值，m³/s；

$T_{未LID改造}$——未进行 LID 改造时径流峰值出现的时间，min；

$T_{LID改造}$——进行 LID 改造后径流峰值出现的时间，min。

1.不同设施调蓄深度对径流控制效果影响

蓄水层深度是生物滞留设施的关键设计参数之一，在设施面积比一定时，调蓄深度越大，设施设计调蓄容积越大。因此，改变建筑小区低影响开发雨水设施设计调蓄参数，探讨调蓄深度分别为 150mm、200mm、250mm、300mm 时的径流控制效果（图 4-9）。

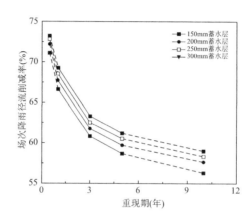

图 4-9 不同调蓄层高度及重现期下径流削减效果

模拟结果表明：在同一重现期下，随着生物滞留设施调蓄层深度的增加，低影响开发建筑小区的径流削减总量效果增加，在场地有限时，为了达到低影响开发雨水系统设计目标，可以适当增加设施蓄水层高度。但是，调整蓄水层调蓄高度对径流总量削减效果的增加不显著，各重现期下对径流总量的削减率的提升在 2% 左右，这是由于低影响开发建筑小区场地格局条件限制，生物滞留设施的收水范围有限，从而导致削减效果增加不明显。在设施面积一定的条件下，单纯依靠增加蓄水层高度对低影响开发建筑小区径流控制效果有限。此外，低影响开发系统对低重现期降雨事件（小于 0.5 年一遇）径流削减总量效果显著，对高重现期降雨事件有一定的径流总量削减效果。

为探究低影响开发应用对低影响开发建筑小区削峰效果的影响，模拟 0.5 年一遇、1 年一遇、3 年一遇、5 年一遇、10 年一遇降雨下改造前后小区的外排流量。如图 4-10 为不同重现期下小区改造前后雨水管的外排流量过程线。结果表明，小区经低影响开发改造后，在低重现期降雨下削峰效果显著，但是随着重现期的增加，其对雨水径流削峰效果明显减弱。由表 4-2 结果可得，在不同重现期下低

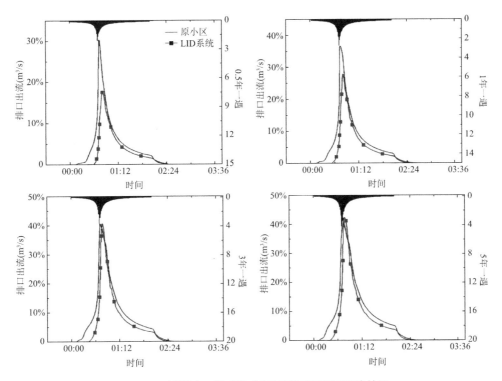

图 4-10 低影响开发建筑小区不同重现期下削峰效果

影响开发建筑小区产流延后均大于 15min，峰值延后时间大于 2min，且随降雨重现期减小，效果越显著，当重现期为 0.5 年一遇时，产流延后和峰值延后时间分别可达 22min 和 2min。峰值削减规律与延峰效果相同，在较低重现期下小区低影响开发系统的削峰效果显著，在 0.5 年一遇降雨条件下削峰率高达 41.6%。

削峰、延峰效果统计 表 4-2

重现期	削峰率（%）	产流延后（min）	峰值延后（min）
0.5 年一遇	41.6	22	5
1 年一遇	23.9	19	4
3 年一遇	—	16	2
5 年一遇	—	15	2
10 年一遇	—	—	—

低影响开发停车场设置有调蓄深度不同的雨水花园与生物滞留带两种低影响开发雨水设施，为探析不同调蓄深度对径流控制效果的影响，将低影响开发停车场内的雨水设施调蓄深度统一设置为 150mm、200mm、250mm、300mm、350mm 五种情景，进行模型模拟和效果比较（图 4-11）。

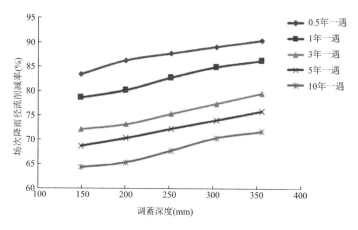

图 4-11 低影响开发停车场雨水设施不同调蓄层高度下径流削减效果

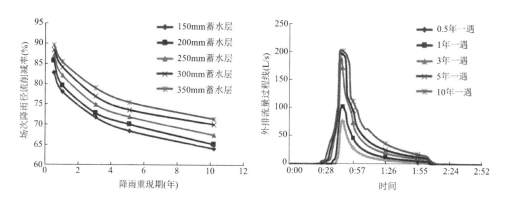

图 4-12 低影响开发停车场在不同重现期下径流削减效果

不同重现期下，低影响开发停车场径流控制效果与雨水设施的蓄水层高度在不同降雨重现期下均呈正相关关系，调蓄深度越高，低影响开发停车场对场地内的雨水径流削减效果越明显。但是，在不同降雨重现期下，随着低影响开发雨水设施调蓄深度的变化，场地径流削减率变化不大。蓄水层高度从 150mm 提升至 350mm 过程中，不同重现期下场地的径流削减率均提高 7% 左右。相较于低影响开发建筑小区而言，改变雨水设施的调蓄深度对低影响开发停车场的径流控制效果更显著（图 4-12）。

低影响开发场地的径流削减效果与重现期呈幂函数关系，不同蓄水层高度下，场地针对小降雨重现期的控制效果明显，降雨重现期从 0.5 年提升至 1 年时，场地径流控制效果急剧降低，随后逐渐趋于平缓。

2. 不同设施入渗能力对径流控制效果影响

低影响开发雨水设施，特别是渗透类设施，具有渗滞雨水、削减径流峰值、改善地表水环境等作用，土壤的渗透性能是雨水设施性能的重要指标之一。许多国家对雨水设施的渗透速率均作相应规定，EPA 要求生物滞留设施最低渗透速率不得低于 12.5mm/h；澳大利亚推荐设施渗透速率的要求范围为 50～200mm/h，奥地利要求下渗速率应为 36～360mm/h。渗透速率的选取与设施排空时间、污染物去除水力停留时间有关。在土壤渗透性能较好的地区，设施内种植土可选用原土，在地区内土壤黏性高、入渗速率低的情况下，推荐换填土壤以达到设计土壤入渗率要求。因此，本研究在维持雨水设施参数不变的情况下，改变生物滞留设施的入渗速率，探讨不同入渗速率条件下的低影响开发建筑与小区径流控制效果。设施土壤的入渗速率分别选取 12.5mm/h、25.4mm/h、36mm/h、128mm/h、200mm/h。

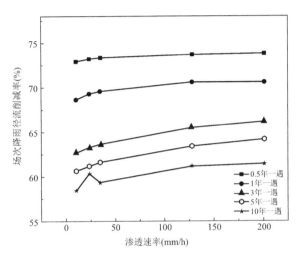

图 4-13　低影响开发建筑小区雨水设施不同渗透速率下径流控制效果

如图 4-13 所示，雨水径流总量控制削减率随设施土壤渗透速率的增加而增加。在低渗透速率范围内（＜50mm/h），径流总量控制效果随渗透速率的增加而快速提升。在高渗透速率范围下（＞150mm/h），径流总量控制效果随渗透速率的增加而缓慢提升。同时，在同一渗透速率条件下，雨水渗透设施应对较小重现期的控制效果较好。当降雨重现期较高时，设施来不及下渗、消纳的雨水会通过溢流口排入雨水管网中。

分别选取 12.5mm/h、25.4mm/h、36mm/h、128mm/h、200mm/h 五组入渗速率作为低影响开发停车场中生物滞留设施的入渗能力，探析不同设施入渗能力下低影响开发停车场的径流控制效果。

如图 4-14 所示，雨水径流总量控制削减率随设施土壤渗透速率的增加而增加，但是增加的速率随土壤渗透速率的增加而降低。不同设施蓄水层高度下，低影响开发场地对径流削减效果呈现一致规律，其中在低蓄水层高度下，由于土壤入渗性能的变化，场地径流控制效果的变化更加明显。

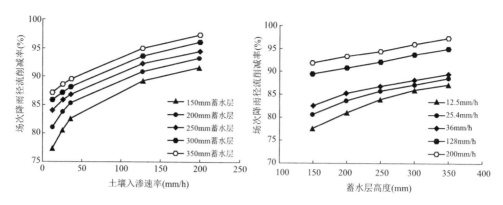

图 4-14 低影响开发停车场在不同雨水设施渗透速率下径流控制效果

4.3.5.2 降雨特征因素对径流控制效果的影响

1. 最小降雨间隔确定

本研究以北京 1983—2012 年降雨数据资料为基础，分别选取 2h、3h、4h、6h、12h、24h 作为最小降雨间隔，划分独立降雨场次，扣除降雨量小于 2mm 不产流的降雨场次。统计降雨数量、场降雨量、场降雨历时、降雨间隔等降雨特征要素，分别计算各降雨特征的均值、标准偏差、偏态系数、变差系数等统计参数。由于北京在冬季和春季基本无雨，因此在统计降雨特征要素时，统计时段选择 4—10 月份。不同降雨间隔下降雨特征的统计参数见表 4-3，其中，v、t、b 分别代表降雨量、降雨历时及降雨间隔三个降雨特征。

不同最小降雨间隔下降雨特征表　　　　　表 4-3

最小降雨间隔（h）	降雨场次	降雨特征	均值	标准偏差 S_d	偏态系数 C_s	变差系数 C_v
2	931	v	15.82	19.78	3.32	1.25
		t	7.18	7.10	2.16	0.99
		b	58.00	82.43	2.54	1.42
3	901	v	16.42	20.23	3.23	1.23
		t	8.46	8.18	1.89	0.97
		b	65.31	84.55	2.34	1.29
4	882	v	16.83	20.59	3.16	1.22
		t	9.48	8.85	1.73	0.93
		b	70.92	87.11	2.28	1.23
6	853	v	17.45	21.26	3.06	1.22
		t	11.12	10.47	1.76	0.94

续表

最小降雨间隔（h）	降雨场次	降雨特征	均值	标准偏差 S_d	偏态系数 C_s^-	变差系数 C_v
6	853	b	77.04	91.95	2.73	1.19
12	795	v	18.81	23.11	3.20	1.23
		t	15.57	14.24	1.51	0.91
		b	92.27	94.42	2.55	1.02
24	705	v	21.35	26.13	2.97	1.22
		t	24.52	22.80	1.76	0.93
		b	110.29	99.61	2.74	0.90

根据最小降雨间隔与统计参数特性之间的关系，当降雨间隔小于120min时，降雨间隔变差系数C_v大于1.5，表明降雨间隔间的变异程度大，其对于最小降雨间隔的选取依赖性较大，实际应用中不具备实用性。当最小降雨间隔选取在2~24h时，各降雨变量的变差系数C_v均小于1.5，就降雨间隔来说，其变差系数随降雨间隔的增大而减小，表明变差系数取值收敛，降雨间隔间的变异程度小，实用性较强，均可作为最小降雨间隔的取值。根据变量的统计参数变差系数的应用，当变差系数$C_v=1$时，其标准差等于均值，统计变量系列满足指数分布特征；当变差系数$C_v<1$时，统计变量系列分布特征为低差别分布，如爱尔朗分布；当变差系数$C_v>1$时，统计变量系列分布特征为高差别分布，如超指数分布。根据国外学者的研究成果，以最小降雨间隔划分的多年场次降雨特征（降雨量、降雨间隔、降雨历时）对指数函数有较好的拟合结果。以北京1983—2012年降雨资料场雨划分降雨特征统计参数，计算结果表明，当最小降雨间隔为12h时，多年降雨间隔的变差系数$C_v=1.02$，因此，本研究推荐以12h最小降雨间隔作为北京地区场雨划分的依据。

2. 径流总量控制曲线分析

以12h最小降雨间隔划分得到的30年场次降雨量，扣除小于2mm的场次降雨量，根据《海绵城市建设技术指南——低影响开发雨水系统构建（试行）》统计方法统计得出年径流总量控制率-设计降雨量关系曲线。如图4-15所示，相同年径流总量控制率条件下，日降雨统计得出的设计降雨量要明显高于12h最小降雨间隔划分场雨统计的设计降雨量。北京年径流总量控制率对应设计降雨量值见表4-4。

设计降雨量的选取受各地气候特征、水资源禀赋情况、城市开发程度、雨水资源化利用与排水防涝需求、土壤地质条件及经济条件等因素影响，日降雨资料或场次降雨资料统计的年径流总量控制率曲线均可作为 LID 设施设计的依据，但是在实际工程设计中，需要因地制宜，合理确定低影响开发设计目标。

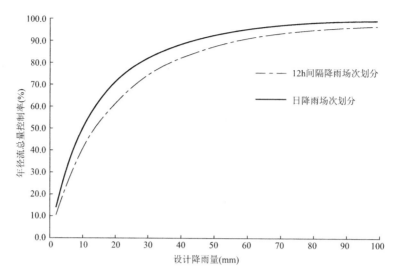

图 4-15 年径流总量控制率 - 设计降雨量关系曲线

北京年径流总量控制率对应设计降雨量值表　　　　　　　　　　　　表 4-4

年径流总量控制率	60%	70%	75%	80%	85%
指南法	14	19.4	22.8	27.3	34.3
12h 最小降雨间隔	19.1	26.2	30.9	37.1	45.2

3. 降雨特征概率分布

根据研究结果，取 12h 作为最小降雨间隔划分 1983—2012 年北京地区降雨数据，采用概率密度函数方法分别拟合场降雨量、降雨间隔和降雨历时的指数分布函数。30 年场次降雨数据统计结果表明：最大场次降雨量为 206.71mm，最小场次降雨量为 2mm，多年平均场次降雨量为 18.8mm；最大场次降雨历时为 314.09h，最小场次降雨历时为 0.5h，多年平均场次降雨历时为 58.38h；最大场次降雨间隔为 896.6h，最小场次降雨间隔为 12h，多年平均场次降雨间隔为 92.27h。

根据降雨量、降雨历时、降雨间隔多年频率统计情况，采用 Origin 软件分别对各降雨特征进行指数函数拟合，拟合结果如图 4-16 所示。

拟合公式如下：

$$f(v) = 0.111\exp(-0.111v) \quad (4-8)$$

$$f(b) = 0.019\exp(-0.019b) \quad (4-9)$$

$$f(t) = 0.116\exp(-0.016t) \tag{4-10}$$

式中 v——场次降雨量，mm；

b——降雨间隔，h；

t——降雨历时，h。

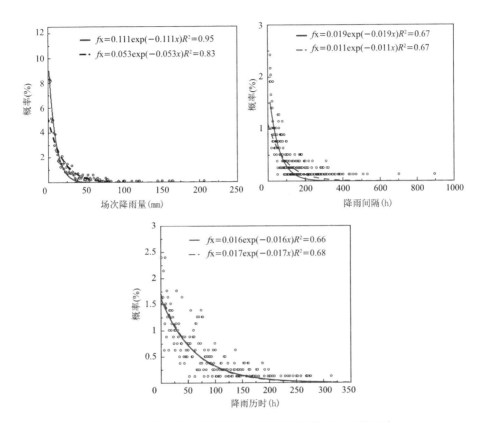

图 4-16 降雨量、降雨间隔、降雨历时指数分布函数拟合

三条拟合曲线的相关系数分别为 0.95、0.66、0.67，具有较强的相关性。同时，根据经验指数拟合可知北京地区降雨特征的概率分布函数为：

$$f(v) = \frac{1}{18.8}\exp\left(-\frac{1}{18.8}v\right) \tag{4-11}$$

$$f(b) = \frac{1}{92.27}\exp\left(-\frac{1}{92.27}b\right) \tag{4-12}$$

$$f(t) = \frac{1}{15.57}\exp\left(-\frac{1}{15.57}t\right) \tag{4-13}$$

经验拟合指数函数与实际降雨特征间的相关系数分别为 0.83、0.67、0.68，因此，应用指数分布函数可以较好地呈现降雨特征间的概率分布。根据北京地区降雨特征分布可以有效推出 LID 设施的径流控制效果。

4. 降雨特征分析

1）年降雨特征统计

本研究以12h作为最小降雨间隔，对北京市1983—2012年降雨资料进行处理，划分独立降雨场次，同时扣除降雨量小于2mm不产流的降雨场次，统计年降雨量、平均场次降雨量、平均降雨间隔、平均降雨历时、暴雨占比、中小降雨占比6个降雨特征因素。其中，为避免冬季、春季无雨季节对研究结果的影响，降雨间隔的统计时段为每年5—10月。暴雨及中小降雨根据中国气象局降雨强度等级划分标准（暴雨：24h降水总量≥50mm，中小降雨：24h降水总量＜25mm）确定。

由图4-17～图4-19可知：北京地区1983—2012年年均场次降雨量范围（9.4～30.1mm）；年平均降雨间隔范围（2.39～14.36d）；年平均降雨历时范围（6.84～33.75h）；暴雨占比范围（0～51.32%），其中1989年、1999年、2002年、2005年、2006年这5年暴雨占比均为0；中小降雨占比范围（18.64%～87.36%）。

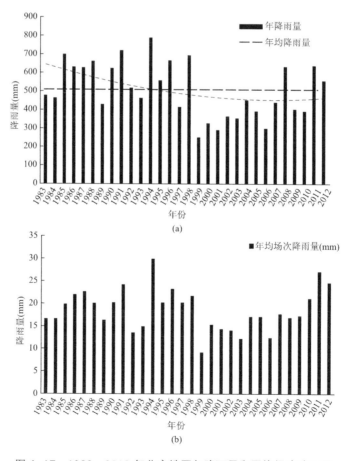

图4-17 1983—2012年北京地区年降雨量和平均场次降雨量

第4章 基于模型模拟的产汇流规律研究

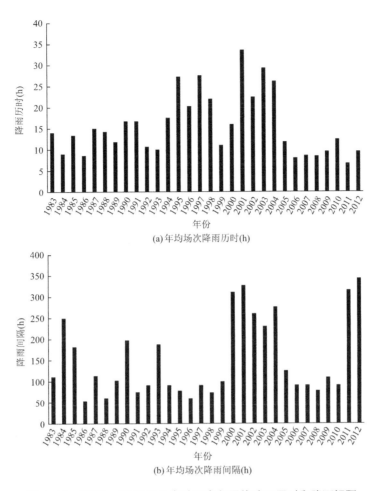

图 4-18 1983—2012 年北京地区多年平均降雨历时和降雨间隔

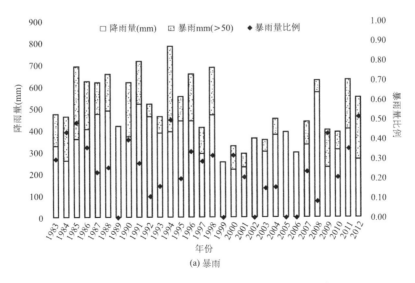

图 4-19 1983—2012 年北京地区暴雨及中小降雨情况图

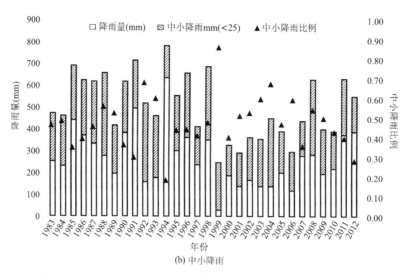

(b) 中小降雨

图 4-19　1983—2012 年北京地区暴雨及中小降雨情况图（续）

2）场次降雨数据筛选

以 12h 作为最小降雨间隔，划分降雨场次，统计共得 1322 场降雨事件，同时扣除降雨量小于 2mm 不产流降雨场次，得到 795 场降雨。根据降雨历时，分别选取降雨历时接近 60min、120min、180min、360min、720min 和 1440min 的降雨场次，按照降雨量的从大到小进行排序，选取降雨量较大降雨场次，选取合适的场次应用研究分析。

选取降雨历时约为 60min（40～80min）降雨量较大的前 11 场实际降雨场次（表 4-5）。

降雨历时接近 60min 的降雨场次　　表 4-5

开始时间	时长（min）	总雨量（mm）
2007 年 8 月 12 日 7:37	63	37.7
1986 年 7 月 8 日 20:29	80	23.87
1996 年 7 月 20 日 16:20	40	23.26
1992 年 8 月 28 日 13:48	64	21.78
1998 年 8 月 13 日 0:19	78	21.55
1986 年 7 月 7 日 7:26	75	20.83
2008 年 9 月 16 日 18:43	43	20.3
2011 年 8 月 14 日 17:00	56	19.8
1987 年 7 月 20 日 16:26	67	18.82
2008 年 8 月 10 日 17:01	59	18.1
2008 年 8 月 12 日 2:46	53	16.2

第4章 基于模型模拟的产汇流规律研究

选取降雨历时约为120min（100～136min）降雨量较大的前14场实际降雨场次（表4-6）。

降雨历时接近120min的降雨场次　　　　　　表4-6

开始时间	时长（min）	总雨量（mm）
1990年7月4日10:25	129	45.07
2006年7月12日5:21	128	36
2005年8月5日2:08	121	32.7
2000年8月27日18:17	100	28.63
2006年7月12日19:47	114	26.6
1985年7月6日21:48	132	25.93
2005年7月11日0:16	100	25
1985年7月4日13:45	115	24.02
1990年7月24日20:01	120	22.73
1993年7月25日4:50	127	19.33
1984年8月11日21:27	133	18.74
1996年8月13日3:21	136	16.4
1985年7月22日14:54	120	16.17
1992年6月21日17:04	108	16.08

选取降雨历时约为180min（164～200min）降雨量较大的前11场实际降雨场次（表4-7）。

降雨历时接近180min的降雨场次　　　　　　表4-7

开始时间	时长（min）	总雨量（mm）
1988年8月2日4:20	175	58.26
1991年8月10日18:17	164	44.6
2010年6月2日1:39	172	41.7
1994年8月5日0:39	200	26.79
1996年7月23日20:40	190	22.96
2004年6月18日19:35	185	22.37
2005年6月26日0:07	196	20.7
1990年8月20日17:27	173	20.54

续表

开始时间	时长（min）	总雨量（mm）
1988年7月23日 7:59	181	19.33
2003年9月22日 19:51	189	16.33
2006年7月24日 17:39	179	16.3

选取降雨历时约为360min（334～389min）降雨量较大的前17场实际降雨场次（表4-8）。

降雨历时接近360min的降雨场次　　　　表4-8

开始时间	时长（min）	总雨量（mm）
1998年6月29日 22:58	373	90.24
2004年7月29日 1:44	345	70.62
2000年8月11日 1:13	336	53.57
1987年7月14日 18:36	376	52.86
1994年7月27日 2:53	362	49.7
1999年8月14日 2:58	347	32.03
2003年6月27日 18:29	334	30.55
1993年8月6日 1:45	382	30.12
2003年7月6日 5:03	382	26.45
1983年8月26日 2:32	367	24.3
1990年9月2日 17:53	383	24.04
2004年5月16日 5:26	377	22.74
1998年8月31日 2:23	340	20.03
1985年6月19日 22:08	350	18.03
1997年7月26日 19:22	389	16.91
1998年6月30日 8:41	363	16.9
1995年7月1日 5:32	348	16.28

选取降雨历时约为720min（668～779min）降雨量较大的前18场实际降雨场次（表4-9）。

降雨历时接近 720min 的降雨场次　　　　　　　　　　表 4-9

开始时间	时长（min）	总雨量（mm）
1991 年 6 月 10 日 7:46	668	69.35
1997 年 7 月 19 日 8:04	699	68.14
2009 年 7 月 17 日 3:35	716	60.3
2009 年 6 月 8 日 5:30	696	60.5
1985 年 7 月 8 日 21:13	720	51.89
2007 年 7 月 30 日 15:02	778	51
2001 年 7 月 20 日 22:39	758	46.01
2005 年 8 月 16 日 10:55	736	40.3
2003 年 9 月 17 日 4:07	745	30.58
1985 年 8 月 27 日 4:42	674	30.57
1994 年 8 月 2 日 15:43	672	30.17
1987 年 5 月 30 日 19:54	758	27.13
2000 年 10 月 22 日 10:00	763	26.41
1987 年 7 月 9 日 21:51	669	26
1989 年 6 月 7 日 17:53	780	24.5
2010 年 9 月 20 日 19:06	740	24.3
1999 年 9 月 30 日 15:03	779	23.71
1995 年 5 月 18 日 18:22	711	22.02

选取降雨历时约为 1440min（1368～1543min）降雨量较大的前 7 场实际降雨场次（表 4-10）。

降雨历时接近 1440min 的降雨场次　　　　　　　　　表 4-10

开始时间	时长（min）	总雨量（mm）
2003 年 10 月 10 日 14:15	1543	53.6
2007 年 5 月 22 日 8:25	1368	45.7
1995 年 6 月 16 日 20:21	1388	32.81
1995 年 7 月 17 日 11:58	1504	32.28
1998 年 10 月 24 日 16:35	1498	32.03
1984 年 7 月 11 日 0:12	1369	30.42
1990 年 8 月 27 日 10:23	1446	26.34

选取1983—2012年实测分钟降雨数据，对低影响开发停车场进行长历时模拟，分析各年的径流控制效果。研究以各年年降雨径流控制率作为评价场地径流控制效果的指标，与海绵城市建设评价标准中"年径流总量控制率"目标并非同一概念，前者为一年中对径流总量的控制效果。1983—2012年各年年降雨径流控制率范围为（78.81%～96.77%），结果如图4-20所示。

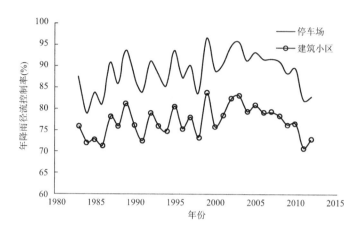

图4-20 低影响开发停车场1983—2012年各年年降雨径流控制率范围

为验证各降雨特征与雨水径流总量削减效果间的相关关系，采用IBM SPSS 22软件，分析降雨特征对场地雨水径流控制效果影响程度（表4-11、表4-12）。应用斯皮尔曼（Spearman）相关系数法，以相关系数 r 值作为评判标准。

不同降雨特征条件与年降雨径流控制率相关性分析（停车场） 表4-11

		年降雨径流控制率(%)	年降雨量(mm)	平均场次降雨量(mm)	平均降雨间隔(h)	平均降雨历时(h)	暴雨占比	中小降雨占比
相关系数	年降雨径流控制率（%）	1.000						
	年降雨量（mm）	-0.660**	1.000					
	平均场次降雨量（mm）	-0.750**	0.792**	1.000				
	平均降雨间隔（h）	0.366*	-0.733**	-0.393*	1.000			
	平均降雨历时（h）	0.175	-0.024	0.121	0.315	1.000		
	暴雨占比	-0.844**	0.545**	0.703**	-0.273	0.065	1.000	
	中小降雨占比	0.552**	-0.483**	-0.762**	0.164	-0.146	-0.719**	1.000

第4章 基于模型模拟的产汇流规律研究

续表

		年降雨径流控制率(%)	年降雨量(mm)	平均场次降雨量(mm)	平均降雨间隔(h)	平均降雨历时(h)	暴雨占比	中小降雨占比
显著性(双尾)	年降雨径流控制率(%)							
	年降雨量(mm)	0.000						
	平均场次降雨量(mm)	0.000	0.000					
	平均降雨间隔(h)	0.047	0.000	0.032				
	平均降雨历时(h)	0.354	0.898	0.524	0.090			
	暴雨占比	0.000	0.002	0.000	0.145	0.732		
	中小降雨占比	0.002	0.007	0.000	0.388	0.442	0.000	

注:"**"在置信度(双测)为 0.01 时,相关性是显著的。"*"在置信度(双测)为 0.05 时,相关性是显著的。

不同降雨特征条件与年降雨径流控制率相关性分析(建筑与小区)　　表 4-12

		年降雨径流控制率(%)	年降雨量(mm)	平均场次降雨量(mm)	平均降雨间隔(h)	平均降雨历时(h)	暴雨占比	中小降雨占比
相关系数	年降雨径流控制率(%)	1.000						
	年降雨量(mm)	−0.661**	1.000					
	平均场次降雨量(mm)	−0.753**	0.792**	1.000				
	平均降雨间隔(h)	0.342*	−0.733**	−0.393*	1.000			
	平均降雨历时(h)	0.185	−0.024	0.121	0.315	1.000		
	暴雨占比	−0.830**	0.545**	0.703**	−0.273	0.065	1.000	
	中小降雨占比	0.601**	−0.483**	−0.762**	0.164	−0.146	−0.719**	1.000

续表

		年降雨径流控制率(%)	年降雨量(mm)	平均场次降雨量(mm)	平均降雨间隔(h)	平均降雨历时(h)	暴雨占比	中小降雨占比
显著性（双尾）	年降雨径流控制率（%）							
	年降雨量（mm）	0.000						
	平均场次降雨量（mm）	0.000	0.000					
	平均降雨间隔（h）	0.065	0.000	0.032				
	平均降雨历时（h）	0.327	0.898	0.524	0.090			
	暴雨占比	0.000	0.002	0.000	0.145	0.732		
	中小降雨占比	0.002	0.007	0.000	0.388	0.442	0.000	

注：" ** "在置信度（双测）为0.01时，相关性是显著的。" * "在置信度（双测）为0.05时，相关性是显著的。

5. 降雨特征对径流控制效果影响

1）降雨间隔对径流控制效果影响

根据多年平均降雨间隔与场地径流总量削减效果统计结果，两者间存在场地径流总量削减效果随降雨间隔增大而增加的趋势。相关性分析结果（图4-21）也表明，平均降雨间隔与年降雨径流控制率的相关系数为0.366*，存在一定正相关关系。然而，由于存在其他降雨特征因素的影响，径流削减效果呈波动上升现象。以1984年为例，该年平均降雨间隔为171.94h，处于较高水平，但其场地雨水径流削减率仅为78.81%，处于较低水平。究其原因，该年较高的暴雨占比（49%）是导致径流削减效果不理想的主要原因。

根据12h最小降雨间隔划分标准划分降雨场次，将1983—2012年每年的所有降雨场次输入停车场SWMM模型中，模拟、计算每场降雨的径流控制情况，与一年连续降雨资料模拟结果进行对比，可得由于降雨间隔的影响，低影响开发场地对径流控制效果的差异。由图4-22可知，场次降雨模拟场地径流控制效果均在不同程度好于连续性降雨模拟。此外，降雨间隔与控制雨量差之间存在一个负相关关系，小降雨间隔对场地径流控制效果影响较大（图4-23）。

第 4 章　基于模型模拟的产汇流规律研究

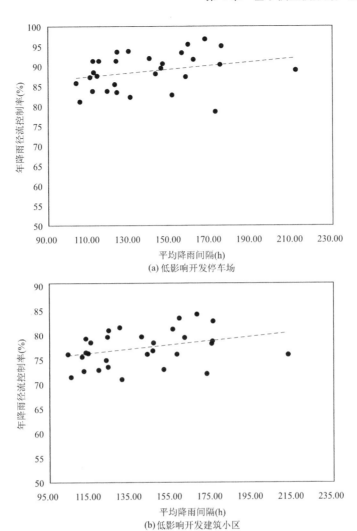

图 4-21　平均降雨间隔 – 年降雨径流控制率关系图

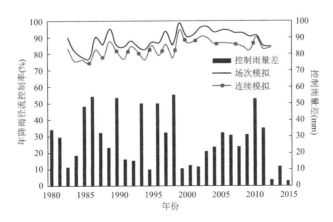

图 4-22　降雨场次模拟与连续性模拟控制雨量差异

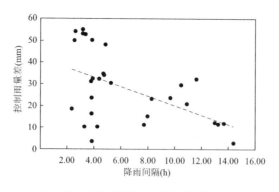

图 4-23 降雨间隔与控制雨量差关系图

降雨间隔对雨水设施径流削减效果主要体现在两个方面：（1）降雨间隔与设施排空时间密切相关，此外，设施排空时间还应当考虑水质控制目标。设施排空时间过长或过短，都将影响雨水设施径流控制效果。设施排空时间小于降雨间隔时，雨水设施不利于处理连续降雨径流，导致过多径流外排。因此，合理的设施排空时间可以有效应对连续降雨事件对设施的冲击。（2）降雨间隔是影响土壤含水率的主要因素之一。土壤含水量越低，其滞留雨水和下渗的能力越强。在降雨量及其他降雨特征因素相近的年份，场地雨水设施径流削减效果取决于降雨间隔，降雨间隔越大，雨水设施径流控制效果越好。

2）降雨历时对径流控制效果影响

降雨历时是影响低影响开发场地径流控制效果的另一个降雨特征因素。由平均降雨历时–年降雨径流控制率关系图（图 4-24）可知，降雨历时越长，场地径流总量控制效果越好。相关分析表明，降雨历时与场地雨水径流控制效果的相关系数仅为 0.175，存在正相关关系，但是相关性程度弱，相对于其他降雨特征

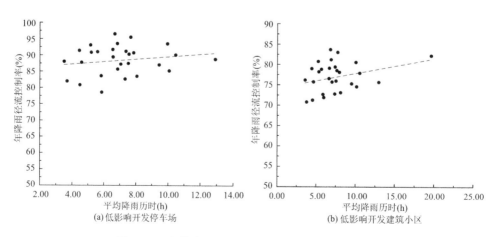

图 4-24 平均降雨历时 – 年降雨径流控制率关系图

而言，降雨历时对径流控制效果的影响程度较低。

选取降雨量相近，降雨历时不同的3组降雨数据，分析在降雨历时变化情况下，低影响开发系统径流控制效果。停车场对3组降雨数据的雨量削减效果依次为A＞B＞C（图4-25），C（50mm）组降雨量最大，A（20mm）组降雨量最小，在相同降雨历时情况下，低影响开发系统对中小降雨事件的控制效果优于大雨事件。模拟结果表明，在降雨量相近条件下，随着降雨历时的增加，雨量削减效果越明显。

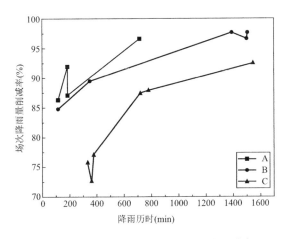

图4-25 不同降雨历时条件下径流削减率

地表产流规律受降雨强度影响，而相同降雨量条件下，降雨历时长意味着平均降雨强度低，导致场地产流量降低，入渗量增加，相对而言，场地的径流总量控制效果越好。此外，针对低影响开发渗透雨水设施，其调蓄容积按《海绵城市建设技术指南低影响开发雨水系统构建（试行）》推荐方法计算（设施进水量与渗透量差值），其中渗透量为降雨过程中设施的入渗径流量，渗透历时小于或等于降雨历时，指南中推荐渗透时间取2h。根据多年降雨历时统计结果知多年平均降雨历时为7.3h，高于指南中推荐渗透历时（2h）。因此，降雨历时影响设施规模的确定，对径流控制效果存在不同程度影响，需要在后续研究中进一步详细讨论。

3）降雨量对径流控制效果影响

降雨量特征可分为年降雨量与平均场次降雨量，模拟结果显示（图4-26），年降雨量和年平均场次降雨量与年降雨径流控制率的关系均大致呈现幂指数变化，径流削减效果随降雨量的降低而增大。相关性分析结果显示，年降雨量与平均场次降雨量与场地雨水径流控制效果的相关系数分别为－0.660**、－0.750**，相关度较高，降雨量越大，场地雨水设施对雨水径流控制效果越低。

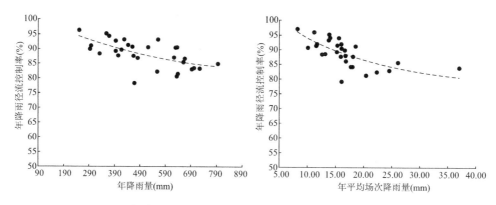

图 4-26　年降雨量/年平均场次降雨量 – 年降雨径流控制率关系图

为了更好地体现降雨历时相近情况下，降雨量因素对降雨总量削减率的关系，模拟 60min、120min、180min、360min、720min、1440min 降雨历时条件下低影响开发停车场场次降雨量削减变化曲线。如图 4-27 所示，降雨量与削减率间存在明显负相关关系。在不同降雨历时条件下，低影响开发系统的降雨削减效果均呈现下降的趋势，降雨量越大，削减效果越低。在同一降雨历时条件下，削减率会呈现波动状态，表明在降雨历时相同时，降雨量并不是唯一影响径流控制效果的因素，降雨过程的复杂性、降雨特征的多变性决定了低影响开发应用效果的变化。

对比削减效果曲线，由图 4-27 可知，较长降雨历时条件下的场地径流控制效果要普遍优于较短降雨历时降雨场次。究其缘由，地表产流过程与降雨时程分配（即降雨强度）密切相关，在降雨量相同的条件下，降雨历时越长，降雨过程中的平均降雨强度越低，根据霍顿入渗原理，雨水更易通过入渗进入土壤层中，一定程度上导致汇水面产流量降低。

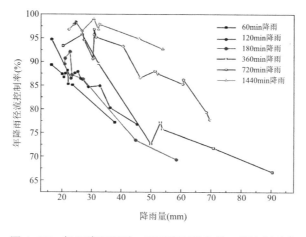

图 4-27　相同降雨历时，不同降雨量条件下径流削减率

第 4 章 基于模型模拟的产汇流规律研究

4）暴雨占比/中小降雨占比对径流控制效果影响

暴雨占比和中小降雨占比是影响 LID 设施径流控制效果的两个重要降雨特征因素，低影响开发强调源头径流雨水控制，主要针对城市中小降雨，而对暴雨事件控制效果较差，暴雨占比越多，雨水设施径流控制效果越低（图 4-28）。暴雨占比和中小降雨占比与年降雨径流控制率相关系数分别为 –0.844**（0.01 置信度）、0.552**（0.01 置信度），暴雨占比对径流控制效果相关性大于中小降雨占比，表明雨水设施径流总量控制效果更易受到暴雨的影响。暴雨事件或者极端大暴雨事件的降雨量较大，场次数少却产生了较高的径流总量，严重影响雨水设施径流削减效果。若年份中暴雨占比多，该年径流削减效果必将受到较大程度的影响。

场地雨水设施实际运行效果和全国各城市设计降雨量与年径流总量控制率统计规律一致，设计降雨量与全年降雨特征分布存在一定相关性：强降雨（如日降雨量 ≥ 50mm 的暴雨）的雨量占年总降雨量的比例越大，或中小降雨（日降雨量 < 25mm 的降雨）的雨量占年总降雨量的比例越小，设计降雨量越大。因此，针对暴雨频繁的地区，需要合理制定径流总量控制目标。

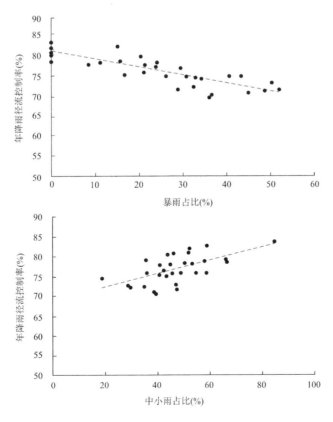

图 4-28 暴雨占比/中小降雨占比 – 年降雨径流控制率关系图

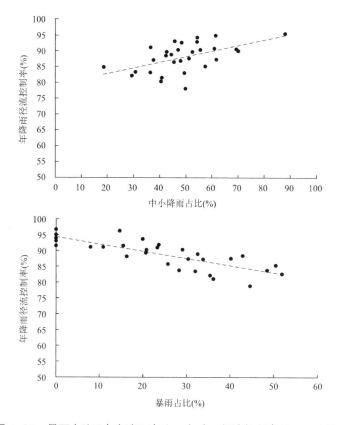

图 4-28 暴雨占比/中小降雨占比-年降雨径流控制率关系图（续）

此外，研究结果表明，年降雨量与暴雨占比/中小降雨占比、场次降雨量等降雨特征有较强的关系，年降雨量与暴雨占比、场次降雨量相关系数分别为 0.792**、0.545**，表明在年降雨量大的年份，暴雨占比和平均场次降雨量也较大。

第5章 城市雨洪模型构建的不确定性分析及综合评价

5.1 模型不确定性分析的必要性

近年来,城市化的快速发展带来了一系列问题,其中城市内涝频发尤为突出,与此同时,因城市化引起的热岛效应和雨岛效应更加重了城市内涝的发生。针对城市暴雨问题,城市雨洪模型可以在一定程度上评价管网的排水能力以及对解决方案评估和优化,为城市雨洪控制利用提供技术支持。城市雨洪模型是对水文过程的一种数学描述,它通常是由大量的水量平衡方程和运动方程组成的。在应用城市雨洪模型进行预测和模拟时,需要降雨、蒸发、气温等气象资料的输入,利用实测值进行模拟效果的判断,使其在应用过程中不可避免地存在不确定性问题。随着模型研究和应用的不断深入,模型结构和参数日趋复杂,模型参数识别的难度也逐渐增加。基于优化思想的参数识别方法致力于寻求一组参数使得模型的模拟值尽可能地接近真实值,然而人们发现存在不同的参数组合均能使模型的目标函数达到相同或者类似的水平,很难确定一组最优参数。鉴于模型在参数优化过程中存在"异参同效"现象,仅局限于参数优化算法效率和精度的传统参数识别方法已经不能满足理论和实践的需要。不确定性理论的发展改变了传统的基于优化思想的参数识别体系,为了降低模型使用的决策风险,采用数理统计的方法获得的参数组合具有更强的现实意义。对模型不确定性进行深入的探讨和分析,分析不同因素对模型模拟的影响,为决策者做出客观决策提供充分的信息,同时也满足用户对风险信息的需求。

随着城市雨洪模型的广泛应用,模型模拟和预测的不确定性已经引起了众多国内外学者的关注,并且成为水文学界研究的重要内容之一。从20世纪90年代以来,英国水文学家Beven已经开始对模型不确定性进行研究。相对来说,我国在城市雨洪模型不确定性分析方面起步较晚,还处于起步阶段。

本节对不确定性来源进行系统性分析,并且对不同分析方法进行比较。选取三个城市雨洪模型模拟的不确定性研究相关案例,对城市雨洪模型的不确定性问题展开研究。在城市雨洪模型构建过程中,如果不进行参数率定验证和不确定性分析会导致决策失败或者出现建设问题，因此对模型不确定性的分析是很有必要的，对提高模型模拟精度和科学地管理雨水资源等具有重要的现实意义。

5.1.1 无率定情况下城市雨洪模拟的误差

模型率定是为了检验模型与实际情况是否相接近，减少模型误差，提高城市雨洪模型的准确度；为检验模型在无率定情况下可能造成的误差，选用 SWMM、MIKE Urban 和 Info Works ICM 这三种模型模拟北京建筑大学西城校区校园的降雨径流情况。选用北京建筑大学西城校区校园中的一组雨水管线作为模拟对象，子汇水区的划分采用泰森多边形法，如图 5-1 所示。

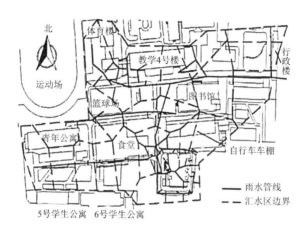

图 5-1　北京建筑大学西城校区雨水管线

为得到较稳定的模拟结果，研究选用 2011 年 7 月 26 日的一场大暴雨作为水量边界条件，降雨从 21:29 开始至 23:36 结束，降雨量为 99.8mm，降雨相对集中。

将所需数据输入模型中进行模拟，模型所需水文参数均采用默认值，得到校园的管道出口水位、流速和流量的时间变化曲线，如图 5-2～图 5-4 所示。

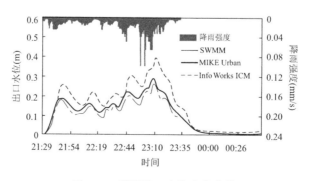

图 5-2　管道出口水位变化曲线

第 5 章 城市雨洪模型构建的不确定性分析及综合评价

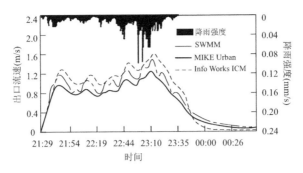

图 5-3 管道出口流速变化曲线

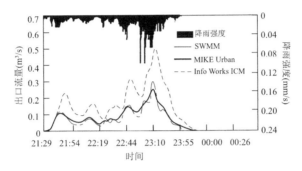

图 5-4 管道出口流量变化曲线

由图 5-2～图 5-4 可知，各模型管道出口水位、流速和流量的峰值变化规律都相同，均随着降雨强度的变化而变化，发生的时间也基本一致，但峰值各不相同，最大峰值见表 5-1。

模拟结果的最大峰值　　　　　　　　　　　　　　表 5-1

模型	项目	最大值	发生时间
SWMM	出口水位（m）	0.3	23:11
	出口流速（m/s）	1.7	23:11
	出口流量（m³/s）	0.33	23:11
MIKE Urban	出口水位（m）	0.29	23:09
	出口流速（m/s）	1.34	23:09
	出口流量（m³/s）	0.25	23:09
Info Works ICM	出口水位（m）	0.4	23:12
	出口流速（m/s）	1.75	23:12
	出口流量（m³/s）	0.5	23:12

为分析模拟结果的标准差是否受模型改变的影响，将模拟结果样本 n_i 按顺序均分为 4 个子样本，然后计算每个子样本的标准差，结果见表 5-2。

精确度分析参数　　　　　　　　　表 5-2

模型	出口水位（m）				出口流速 (m/s)				出口流量 (m³/s)			
SWMM	0.05	0.04	0.08	0.01	0.29	0.19	0.42	0.05	0.04	0.02	0.06	0.03
MIKE Urban	0.05	0.04	0.09	0	0.26	0.15	0.36	0.04	0.04	0.02	0.04	0.03
Info Works ICM	0.08	0.06	0.13	0	0.44	0.18	0.55	0.01	0.08	0.03	0.08	0.07

由表 5-2 可知，模型种类 $r=3$，每组模拟结果下的样本容量为 $n_1=n_2=n_3=4$，每组模拟结果的总样本容量 $n=12$，各组模拟结果的方差分析数据见表 5-3。

方差分析参数　　　　　　　　　表 5-3

项目	S_T	S_A	S_E	F	α	$F_\alpha(2,9)$
出口水位	0.02	0	0.01	0.4	0.01	8.02
出口流速	0.33	0.02	0.31	0.25		
出口流量	0.01	0	0	5.18		

在显著水平 $x=0.01$ 下 $F_{0.01}(2,9)=8.02$，对于每组模拟结果，显然 $F<F_{0.01}(2,9)$，说明在默认参数下，模拟结果的精确度不受模型改变的影响，模拟结果对于模型本身是精确的，模型的不同不会引起模拟结果峰值间的偏差。

将所选样本整理成偏差检验所需参数，见表 5-4。

偏差检验参数　　　　　　　　　表 5-4

模型	样本	样本均值	样本标准差
SWMM（X）	出口水位（X_1）	0.1	0.08
	出口流速（X_2）	0.77	0.47
	出口流量（X_3）	0.06	0.06
MIKE Urban（Y）	出口水位（Y_1）	0.11	0.09
	出口流速（Y_2）	0.65	0.42
	出口流量（Y_3）	0.06	0.05
Info Works ICM（Z）	出口水位（Z_1）	0.15	0.11
	出口流速（Z_2）	0.81	0.6
	出口流量（Z_3）	0.12	0.11

结合精确度分析、方差分析和偏差检验结果，说明各模型默认参数的不同引

起了模拟结果峰值间的偏差。由此可知,在利用模型模拟时,为提高模拟精确度,参数率定和验证是不可避免的环节。目前不少学者已经研究证实,在利用模型时进行参数率定和检验会得到较好的模拟结果。

5.1.2 汇水区离散程度对雨水径流模拟结果的影响

在运用 SWMM 模型时,为了精确表示汇水区内的空间差异性和各种水文元素的差异,首先要对汇水区进行不同程度的离散,并概化离散后子汇水区的水文差异性。为此,分析了汇水区的离散方式对雨水径流水量和水质模拟结果的影响,并提出了汇水区在不同场地下的离散方法。本研究选用北京建筑大学西城校区的一组雨水管线作为模拟对象,如图 5-5 所示。区域总面积为 $2hm^2$,汇水区采用泰森多边形法(按检查井)进行离散。

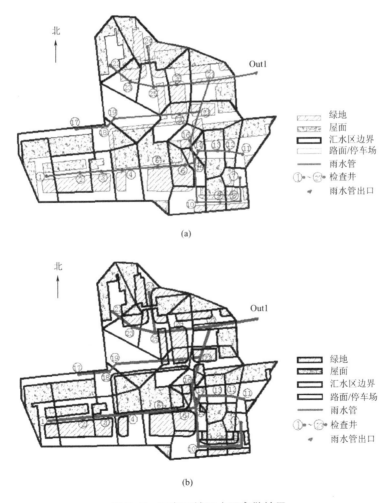

图 5-5 研究区域汇水区离散结果
(a)方案 1;(b)方案 2

本研究提出两种汇水区的离散方案，如图 5-6 所示。方案 1 先根据管道、检查井或数字高程图（DEM）将汇水区离散，然后赋予离散后一级汇水区的相关参数；方案 2 根据管道、检查井或 DEM 将汇水区离散，再根据下垫面属性，将一级汇水区离散成二级汇水区，最后赋予二级汇水区的相关参数。

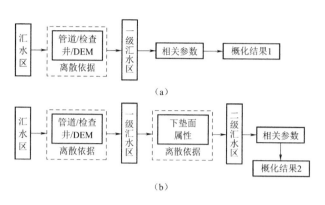

图 5-6　汇水区离散方案
（a）方案 1；（b）方案 2

按方案 1 离散后一级汇水区的地形特征空间分布往往不均匀，若对一级汇水区再次离散，可以获得物理意义更接近实际的二级汇水区。但再次离散会改变模型的部分初始参数，因此，汇水区的离散程度会对模拟结果产生影响。

本研究首先根据方案 1 对研究区域离散，建模后率定和验证方案 1 模型；模型成立后，根据下垫面属性再次离散方案 1 的一级汇水区，作为方案 2（由此，两方案只有离散程度不同）；然后模拟两种离散方案的径流水量和水质变化情况；最后分析汇水区的离散程度对模拟结果的影响，并总结汇水区在不同场地尺度下的离散方法。

本研究需要降雨数据、汇水区出口流量和水质等资料，水质指标为 SS、COD、TN 和 TP。选择汇水区出口有流量和水质同步监测的 2 场降雨进行研究，降雨特征见表 5-5。

单场降雨数据特征　　表 5-5

降雨事件 （年月日）	降雨量（mm）	降雨历时（min）	最大雨强 （mm/min）	平均雨强 （mm/min）
2012 年 4 月 24 日	23.1	85	1.52	0.27
2012 年 7 月 21 日	265.3	924	2.0	0.29

降雨实测数据的准确性受设备的影响。降雨监测设备的误差由多种因素造成，包括降雨强度和测量方式产生的误差、翻斗倾角因素产生的误差、仪器维护

和安装不当产生的误差、自然条件产生的误差等,这些误差包括系统误差和随机误差,有些误差不可避免,若误差在允许范围内则可以使用降雨数据。

本研究的率定和验证数据选择出口处流量和水质数据。分别选用 2012 年 4 月 24 日和 7 月 21 日的降雨数据对方案 1 模型进行率定和验证,结果见表 5-6。

方案 1 模型的率定和验证结果　　　　表 5-6

类别	项目	出口处流量	SS	COD	TN	TP
率定	E_{NS}	0.92	0.86	0.89	0.92	0.91
	R^2	0.91	0.87	0.90	0.93	0.92
验证	E_{NS}	0.89	0.92	0.92	0.89	0.94
	R^2	0.94	0.95	0.93	0.95	0.94

由表 5-6 可知,SWMM 模拟结果与实测值拟合程度较好,所建研究区雨水系统模型满足模拟要求。经模拟分析可知,汇水区出口流量变化与降雨强度变化趋势一致;但由于 2012 年 4 月 24 日的初期降雨强度大于 2012 年 7 月 21 日,导致汇水区出口降雨分别在 45min 和 122min 时开始产流,模型能较好地将这种差别表征出来。

首先输出方案 1 的验证结果,然后根据下垫面属性对方案 1 的一级汇水区再次离散,作为方案 2,降雨数据选择 2012 年 7 月 21 日的数据。模拟后得到两方案汇水区出口的流量以及 SS、COD、TN 和 TP 模拟值随时间的变化。模型模拟结果见表 5-7。

不同方案模拟结果　　　　表 5-7

类别	项目	出口处流量	SS	COD	TN	TP
方案 1	E_{NS}	0.89	0.92	0.92	0.89	0.94
	R^2	0.94	0.95	0.93	0.95	0.94
方案 2	E_{NS}	0.82	0.81	0.78	0.78	0.80
	R^2	0.90	0.95	0.92	0.93	0.93

由表 5-7 可知,相对于方案 1,方案 2 各项指标的 E_{NS} 值均有不同程度的减小,说明汇水区的离散程度对径流水量和水质模拟结果有影响,致使方案 2 的模拟值与实测值偏离,但模拟结果依然满足要求;各项指标的 R^2 值基本没变,说明 SWMM 模拟值与实测值变化趋势依然吻合,模拟效果较好。

另外,对于方案 1 和方案 2,汇水区出口流量和污染物浓度随时间的变化规律都相同,均随降雨强度的变化而变化,但峰值不同,峰值发生时间也有差异。

相比方案1，方案2的变化具体表现为：

1）峰流量发生的时间推迟

由于离散程度改变，两个方案子汇水区的不透水面积比例、土地利用类型比例、径流演算路径和演算比例、特征宽度、径流出水口等参数不同。其中不透水面积比例和土地利用类型比例根据下垫面属性计算得到，对模拟结果没有影响；特征宽度和径流出水口由径流演算路径决定，由于径流演算路径变化，方案2中峰流量发生的时间（19：24）比方案1（19：21）推迟了3min。两个方案子汇水区的径流演算路径如图5-7所示。

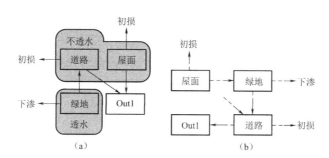

图5-7 方案1和2径流演算路径示意
（a）方案1；（b）方案2

由图5-7可知，当汇水区离散程度增加，子汇水区的径流路径越接近实际情况，致使地表漫流延长，引起峰流量发生的时间向后推迟。

峰流量发生的时间是城市雨洪管理中很重要的参数。为降低汇水区参数的不确定性，得到较精确的模拟结果，可先将大尺度汇水区离散成小尺度汇水区进行模拟，再将所有汇水区的模拟结果通过SWMM中的"演算接口文件"工具相互连接。详见图5-8和表5-8。

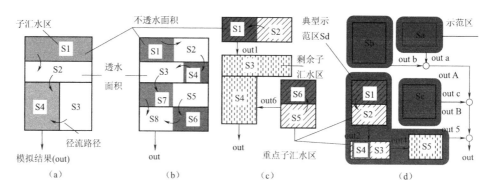

图5-8 不同尺度下汇水区的离散示意
（a）场地尺度；（b）中等尺度；（c）较大尺度；（d）大区域尺度

不同尺度下汇水区的离散方法　　　　　　　　　　　　　表5-8

项目	离散方法	模拟步骤
场地尺度（<3hm²）	根据具体下垫面属性离散	模拟整个汇水区
中等尺度（3~30hm²）	先将汇水区初步离散，再选择重点子汇水区二次离散	模拟整个汇水区
较大尺度（30~300hm²）	先将汇水区初步离散，再选择重点子汇水区二次离散	1. 建立重点子汇水区 S1+S2、S5+S6 模型，输出模拟结果 out 1、out 6； 2. 建立剩余汇水区 S3+S4 模型，并将模拟结果 out 1、out 6 作为外部数据文件，输入 S3+S4 模型； 3. 模拟 S3+S4 模型，输出的结果文件 out 即为整个汇水区的模拟结果
大区域尺度（>300hm²）	先将大区域离散为示范区，然后选择典型示范区初步离散，再对典型示范区中的重点汇水区离散	1. 建立重点子汇水区 S1+S2、S3+S4 模型，输出模拟结果 out 2、out 4； 2. 建立剩余汇水区 S5 模型，并将模拟结果 out 2、out 4 作为外部数据文件，输入 S5 模型； 3. 模拟 S5 模型，输出的结果文件 out 5 即为典型示范区 Sd 的模拟结果； 4. 建立示范区 Sa、Sb、Sc 模型，输出模拟结果 out a、out b、out e； 5. 利用 SWMM "接口文件" 工具，将 out a 和 out b 合并，运行模型，生成结果文件 out A，再将 out c 和 out A 合并，运行模型，生成结果文件 out B（也可以将 out a、out b 和 out c 直接合并，运行模型，生成 out B）； 6. 将 out 5 和 out B 合并，运行模型，生成的结果文件 out 即为整个区域的模拟结果

2）总流量和峰流量减小

方案2比方案1的峰流量减小36.37L/s，总流量减小256.39L。主要是由于汇水区的再次离散延长了一级汇水区的径流路径，使一级汇水区径流到达汇水区出口的时间顺序改变，径流在流动过程的损失增加，当各子汇水区流量在汇水区出口叠加时，总流量和流量峰值减小。

3）污染物峰值发生的时间改变

污染物存在形态和浓度与子汇水区内径流演算比例有关，汇水区的再次离散改变了径流演算路径和演算比例，也改变了污染物存在形态和浓度。经降雨监测，汇水区不透水面积（屋面、道路）COD、SS含量较高，TN、TP含量很低；而透水面积（绿地）TN、TP含量相对较高。由于方案1缩短了屋面径流到达汇水区出口的时间，所以在汇水区出口处发生流量叠加时，COD、SS峰值发生的时间比方案2晚9min；而屋面径流中TN、TP含量很少，即使到达汇水区出口时间缩短，也对 TN、TP 峰值出现时间影响不大，所以 TN、TP 峰值发生的时间比方案 2 早 2min。

另外，污染物浓度受单场降雨初期冲刷效应的影响很大。Lee 等人对城市下垫面降雨径流特性的研究表明，当汇流面积越小或降雨强度越强时，污染物初始冲刷效应越明显，而且溶解性污染物更容易迁移。汇水区的再次离散使汇流面积变小，对污染物浓度的影响增强。

4）污染物浓度出现偏差

污染物浓度的变化容易受到降雨径流的冲刷、汇流面积的变化、基肥（缓释肥）的释放、悬浮颗粒物的迁移路径等因素的综合影响，而汇水区的再次离散增强了这些因素的影响程度。因此，在降雨前期方案 2 的污染物浓度明显比方案 1 偏高，降雨后期由于径流对污染物的持续冲刷，汇水区大量的污染物被冲走而使浓度明显降低，最终两方案的污染物浓度趋于一致。

5.1.3 汇水区节点选取对城市雨洪模拟结果的影响

利用 InfoWorksICM 模型建立深圳市光明新区新城公园雨水管网模型，分别以检查井和雨水口作为模型的节点划分汇水区，分析不同的汇水区划分方式对公园出口流量模拟结果的影响。研究区域总面积为 $8.3hm^2$，其中道路、屋面和广场等不透水面积占 5%，林地和草地等透水面积占 95%。

研究区域的土地利用类型图、管网数据等资料来源于新城公园施工图，降雨数据由公园内的自动雨量计测得。根据降雨强度等级划分标准选择了 6 场实测降雨作为模型的降雨输入条件，具体降雨事件的特征参数见表 5-9。

降雨事件的特征参数　　　　表 5-9

降雨事件（年月日）	降雨量（mm）	降雨历时（min）	最大雨强（mm/min）	平均雨强（mm/min）	降雨等级
2013 年 4 月 25 日	40.9	411	1.5	0.1	大雨
2013 年 5 月 19 日	19.9	75	1.8	0.3	中雨
2013 年 7 月 10 日	28.0	166	1.3	0.2	中到大雨
2013 年 8 月 17 日	93.6	297	1.8	0.3	暴雨
2013 年 8 月 30 日	139.9	344	1.8	0.4	大暴雨
2013 年 9 月 14 日	18.3	69	1.5	0.3	中雨

模型概化过程中采用两种方案进行汇水区划分，每个子汇水区土地利用类型包括屋面、道路和绿地三大类。方案 1 是以检查井作为汇水区划分节点，地表径

流通过检查井进入排水管网;方案2是以雨水口作为汇水区划分节点,地表径流通过雨水口进入排水管网并流经检查井。

方案1根据新城公园地面高程和雨水管线的走向进行子汇水区划分,以检查井为节点将研究区域概化得到27个子汇水区,如图5-9所示。各子汇水区的地表径流直接排入最近的检查井。

方案2根据新城公园地面高程、雨水口和雨水管线的走向进行子汇水区划分,以雨水口为节点将研究区域概化得到41个子汇水区,如图5-10所示。各子汇水区的地表径流直接排入最近的雨水口。

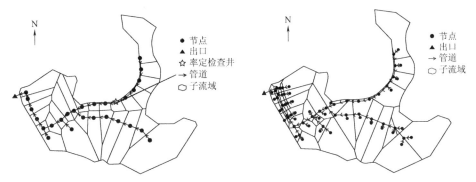

图5-9 以检查井为节点的研究区域概化　　图5-10 以雨水口为节点的研究区域概化

经模拟计算,两种方案率定后得出的结论基本一致,本研究以方案1为例展开研究。分别采用2013年9月14日和2013年5月19日两场降雨的实测雨量和流量数据对方案1进行水文水力参数的率定和验证,并采用Nash-Sutcliffe效率系数对模型模拟结果进行评价。将公园内上游一检查井用于模型的率定,公园出口用于模型的验证。模拟流量过程线与实测流量过程线的对比如图5-11和图5-12所示。

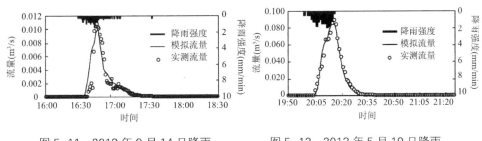

图5-11 2013年9月14日降雨　　图5-12 2013年5月19日降雨
　　径流模拟率定结果　　　　　　　径流模拟验证结果

2013年9月14日和2013年5月19日两场降雨事件的Nash-Sutcliffe效率系数分别为0.81、0.92,该系数越接近于1,模拟结果与监测值吻合程度越高。因此认为模型率定的参数能够较好地表征研究区域的产汇流情况。

方案 2 较方案 1 产流时间有一定程度的推迟，峰现时间却基本没有变化。这是由于两种汇水区划分方式不同，以雨水口为节点进行汇水区的划分更接近实际情况。与以检查井为节点的划分方式相比，不透水区域（道路、屋面）和透水区域（绿地）产生的地表径流通过雨水口进入雨水管线，延长了径流的传输路径。在相同的降雨条件下，以雨水口为节点的划分方式致使地表径流路径延长，必然会导致产流时间的推迟。

不同汇水区划分方式下模拟得到的峰值流量差异变化较大，在 2.7% ~ 38.8%，且峰值流量差异随降雨量的增大呈逐渐增大的趋势，见表 5-10。采用降雨等级较高的降雨（如 2013 年 8 月 17 日降雨、2013 年 8 月 30 日降雨）进行模拟时，两种方案模拟的降雨峰值流量差异较大；而采用降雨等级较低的降雨（如 2013 年 4 月 25 日降雨、2013 年 7 月 10 日降雨）进行模拟时，两种方案的峰值流量差异较小。

两种方案的峰值流量差异　　　　表 5-10

降雨事件	降雨量（mm）	降雨历时（min）
2013 年 4 月 25 日	40.9	4.4
2013 年 7 月 10 日	28.0	2.7
2013 年 8 月 17 日	93.6	31.6
2013 年 8 月 30 日	139.9	38.8

导致这种结果的原因是受到雨水口泄水能力的影响，随着降雨量的增大，地表径流的产生量也逐渐增大。对于方案 1，该汇水区的径流量均无限制地由检查井进入到雨水管网系统中。对于方案 2，当降雨量较小时，汇水区的径流量达不到雨水口的最大泄水能力，可以全部排放至下游管段，所以两者的峰值流量差异较小；而当降雨量较大时，汇水区的地表径流量超过了雨水口的最大泄水能力，形成地表积水。由于地表积水受到雨水口最大泄水能力的限制，从而导致方案 2 的峰值流量比方案 1 的低，因此两者的峰值流量差异较大。

不同汇水区划分方式下出口的径流总量与降雨量呈负相关。采用不同降雨等级的降雨进行模拟时，两种方案的径流总量差异较小，在 1.6% ~ 6.9%，见表 5-11。由表 5-11 可知，出口处径流总量的差异随降雨量的增大呈减小趋势。由于本研究采用的下垫面组成和产汇流模型的选择均相同，故两种汇水区划分方式对出口处径流总量的影响较小。差异产生的原因可能是下垫面相同的均一化造成，产汇流过程受下垫面组成影响，而雨水口划分方式的子汇水区个数多于检查井划分方式的子汇水区个数，尽管每个下垫面的组成相同，但是总的汇水区下垫面组成受到均一化的影响会产生微小的变化，因此出口处的径流总量会随之变化。

两种方案的径流总量差异　　　　　　　　表 5-11

降雨事件	降雨量（mm）	降雨历时（min）
2013 年 4 月 25 日	40.9	4.6
2013 年 7 月 10 日	28.0	6.9
2013 年 8 月 17 日	93.6	4.2
2013 年 8 月 30 日	139.9	1.6

5.2 模型不确定性分析内容

影响水文过程的因素包括气候、降雨、地形、地貌、植被等。在实际情况中，人们既不能很准确地取得水文资料，也不可能获得类似降雨过程、蒸发、下渗等可靠的变化值。因此，城市雨洪模型的概化给模型带来了诸多不确定因素。国内外学者对此进行了分析和研究，模型的不确定性来源主要包括模型输入的不确定性，模型参数的不确定性，模型率定的不确定性以及模型结构的不确定性（图 5-13）。

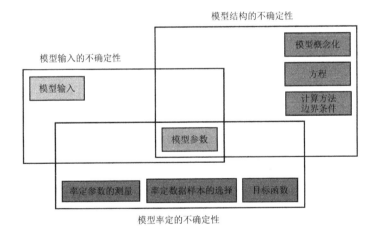

图 5-13 模型不确定性来源

5.2.1 模型输入的不确定性分析

在模型输入的不确定性研究中，降雨的不确定性对模拟结果的影响尤为显著，而降雨空间随机分布的变动性和降雨空间分辨率引起的误差是降雨数据不确定性的主要来源。模拟区域降雨空间分布不均引起的误差会在后续的模拟中扩散传播，目前模型的降雨输入一般忽略了暴雨中心移动所导致的误差。对于降雨 - 径流模型的计算，使用空间分布均匀的降雨会导致系统误差的发生。Nandakumar 和 Mein 的研究结果表明，在 Monash 模型中，10% 的蒸散发偏差将会导致 10% 的径流模拟偏差，10% 的降雨数据偏差将会导致 35% 的径流模拟偏差。

排水管网施工设计图、管网平面布置图、管道属性信息（管长、管径、管材等）、检查井属性信息（井底高程、地面高程等）等管网基础资料是建立城市雨洪模型的基础，由于数据量大且来源复杂，各类数据的更新时间存在差异，以及由于排水管网埋在地下，测量难度较大，在资料的获取、收集以及整理过程中难免会出现错误的数据或者数据的缺失。此外，在管网运行过程中也存在着人为错接、偷排等现象，而且排水管网在运行过程中也不断发生变化，这些因素使得管网基础资料在时间、空间和属性数据上均具有一定的不确定性。

5.2.1.1 分析方法

模型模拟时，需要输入的数据包括气象资料、土地利用类型、土壤入渗性能、管网资料等，而且输入数据的不确定性直接会影响模型的模拟结果。降雨的不确定性包括降雨量测量误差以及降雨的时空分布性，其中，后者是降雨输入不确定性的主要来源。在小流域范围内，Faurès 等人采用 5 个雨量计中同一场降雨事件作为分布式降雨径流模型的输入数据，与实测结果相比峰值流量的变异系数为 9%～76%，径流量的变异系数为 2%～65%。宫永伟的研究结果也证实了这一点，采用单个雨量站进行 SWAT 模型模拟时，结果具有较大的不确定性，这主要是由于单个雨量计无法体现降雨的时空分布性。故主要针对汇水区划分方式和降雨数据的不确定性这两方面进行模型输入的不确定性分析。

5.2.1.2 汇水区划分方式

在模型中，一般将研究区域划分成若干个子汇水区，根据各子汇水区下垫面的组成分别计算其产流过程，然后通过排水管网将各子汇水区产生的径流进行汇集和输送。目前，汇水区的划分基本上以传统的手工方法划分和软件的自动划分为主。手工方法划分汇水区对操作人员的实际经验要求较高。对于大规模的研究区域，这是非常繁琐的工作。手工划分汇水区不仅精度低，需要耗费大量的人力、物力，而且绘制的汇水区准确性和效率难以保证，也难以获得物理意义较强的模型参数，必将会影响模型模拟的结果。

在现有的模型概化过程中，通常以检查井为节点，各子汇水区产生的径流通过检查井流入到排水管网中，最终由出水口流出。尽管汇水区的概化方式对水文模拟影响的研究较多，但是以雨水口为节点来划分汇水区的概化方式对模拟影响的研究还较少。

雨水口是降雨径流进入城市排水管网的管道附属构筑物。地表上的降雨径流通过雨水口进入到管网系统中，最终排往下游河道。雨水口的数量不足、类型选择不当、堵塞等问题均会造成暴雨时路面积水。

以雨水口为节点在汇水区划分方式的不确定分析研究中，包括以下步骤：①计算所选雨水口的泄洪能力，根据实地测量新城公园的雨水口尺寸进行校核计算，减小误差，根据雨水口泄水能力计算公式求得雨水口的水头流量关系表。在 InfoWorks ICM 中，设置检查井的洪水类型为一维模型中的 Stored，将检查井的参数洪水类型改为 Gully，然后在雨水口参数中设置雨水口的个数和水头流量关系表；②选择降雨事件并进行模型输入，分别以不同划分方式对产流时间、峰现时间、峰值流量、径流总量的影响进行分析；③输出结果并以此来评价汇水区的划分方式对模型输出结果的影响程度。

5.2.1.3 降雨数据

降雨是城市雨洪模型中最重要的输入数据之一，它决定着地表径流的产生和污染物的转输等过程。目前，我们应用最为广泛的雨量计为翻斗式雨量计。一种是通过每隔一定的降雨量记录降雨的时间，这种方式在强降雨时由于翻斗不能及时翻动会造成记录时间上的误差；一种是每隔一定时间记录这期间的降雨量，当降雨量较小时，翻斗达不到固定的容量是不会翻动的，这将会造成整个降雨过程最终呈现出片段化。由于雨量计受本身测量精度、降雨飞溅损失、蒸发以及风速等因素的影响，因此降雨数据会给模拟结果带来一定程度的不确定性。

降雨的空间差异性是降雨数据不确定性的主要来源。在城市雨洪模拟过程中，通常将一个雨量计的降雨数据来表征整个研究区的降雨过程，无形之中就增加了模拟结果的不确定性。

降雨数据的不确定性主要包括两方面：系统误差和随机误差。系统误差主要来源于降雨的空间差异性和雨量计的精度。Strangeways 认为雨量计放置的高度会影响测量精度，放置高度越低，其测量的准确性越高。这是由于受到蒸发、飞溅和空气动力等因素的干扰。Duchon 和 Essenberg 的研究结果也证明了这一观点，他们发现放置在高处的雨量计与放置在低处的雨量计相比，测量的总降雨量大约会降低 5%～10%。随机误差是任何测量过程中都不可避免的，Haydon 等人假设随机误差可以在模型中以 ±50% 的均匀分布来研究降雨数据测量过程中的随机误差带来的不确定性。

降雨数据的不确定性分析步骤包括以下内容：①设计方案，引入误差模型以此来进行降雨数据的不确定性分析；②通过建立的新城公园排水模型分别对降雨数据的随机误差、系统误差进行模拟研究；③分别分析随机误差、系统误差对其产流时间和峰现时间、峰值流量、径流总量产生的影响。

5.2.2 模型参数的不确定性分析

在城市雨洪模型中，一些重要的水文参数或水质参数（如地表渗透参数、洼地蓄水量、污染物累积和冲刷参数等）通常难以获得，在实际建模过程中，通常需要参考相关研究与模型手册中的经验值进行设定。因此，在模型分析过程中，需要对这些参数进行率定和验证，并根据相关监测数据对其进行调整，以提高模型模拟结果的可靠性。但是，受参数之间相关性、参数阈值、不敏感参数、模拟残差的非正态性和非独立性等影响，参数组合并不唯一，然而这些参数组合均能使模型的模拟效果达到相同或类似的水平，这是造成参数不确定性的主要原因。

5.2.2.1 分析方法

近年来，模型不确定性问题成为水文研究中的热点问题，也是支撑水文模拟技术进一步发展的基础性研究。模型不确定性问题的主要研究方法包括敏感性分析、信息熵、洗牌复形演化算法（SCE-UA）和普适似然度法（GLUE）等。敏感性分析可以识别出参数的灵敏性大小，但是无法量化不确定性大小，所以在敏感性分析之后仍需要开展进一步的不确定性分析。信息熵方法无法估计水文模型参数和输入的不确定性区间，但在水文观测数据的信息度量和水文模型结构诊断方面有很大潜力。SCE-UA方法致力于高效且具鲁棒性的搜索参数全局最优解，但是该方法容易将搜索范围聚集到单个最佳参数周围的小区域而陷入局部最优，对模型参数的不确定性分析较为缺乏。GLUE方法是由英国水文学家Beven提出的，主要用于分析水文模型的参数不确定性。

5.2.2.2 采样方法

参数的不确定性分析是建立在统计学基础上的数学分析，因此，在对模型参数进行不确定性分析的过程中需要对模型参数进行大量的随机采样计算。目前，应用较为广泛的采样方法包括蒙特卡罗采样法（Monte Carlo Sampling）和拉丁超立方采样法（Latin Hypercube Sampling）。

蒙特卡罗采样法是最为常用的一种采样方法，它可以随机独立地从总体中取得样本，适用于处理任何数学统计问题。但是，它存在收敛速度慢和误差概率性质等问题。尽管如此，由于蒙特卡罗采样法简单灵活，现在仍然在统计计算中发挥着重要作用。拉丁超立方采样法是1979年提出的一种分层采样方法，它是蒙特卡罗采样法的改进采样方法。与蒙特卡罗采样法相比，它可以通过较少迭代次数的抽样准确地重建输入分布，在采样效率上有显著的改进。拉丁超立方采样法便于获取取值范围更广的参数，便于对模型的全局进行掌握，因此被广泛用于模型的不确定方法。

拉丁超立方法采样的主要步骤如下：

1）将参数的概率分布区间按参数的先验分布划分为等概率的 N 个区间。

2）对每个参数依次从参数空间中随机选取一个区间，并在该区间中随机产生一个参数值，某区间被选取一次后就不能作为以后的采样区间。

3）重复步骤2）N 次，则所有区间都被采样一次，得到 N 个参数。

4）重复步骤2）和步骤3），直到达到要求的采样次数为止。

5.2.3 模型结构的不确定性分析

由于水文过程的复杂性，我们很难真实地反映出水文现象的实际过程，故模型只能用大量的经验公式或数学物理方程去近似地概化，这样的概化就会不可避免地给模型带来不确定性。其次，城市雨洪模型的结构越来越复杂，尽管复杂的模型能够更准确地描述水文过程，但并不是结构越复杂越好。复杂的模型往往稳定性不够，因此会给模拟结果带来不确定性。另外，尺度问题也是引起模型结构不确定性的原因之一。城市雨洪模型在模拟水文过程中，要在一定的空间范围内和一定的时间段内按照有限的时间步长来运算，因此模型参数仅在一定的时空尺度范围内对模型有效。

5.2.3.1 分析方法

模型结构是城市雨洪模型模拟与预测的核心，通常与建模者的知识与经验有关。城市雨洪模型是人们对城市地表径流及管网排水过程简单化、概念化后做出的数学描述。由于现实生活中排水现象的复杂性，并不是水文过程的所有细节都能用相应的数学公式来描述，所以对水文过程如产流、下渗、蒸发过程进行合理的简化是不可避免的。因此，模型结构的不确定性源于对水文过程认识的不足、对水文过程描述上的简化、采用数学公式在描述上的误差和数学公式本身的一些假设。此外，不同的模型考虑的水文机理可能不一样。以管道演算模型为例，一般有运动波和动态波两类。运动波仅运用连续的动量守恒方程计算每个导管的水流情况，它可以模拟管道中水流和水面面积随空间和时间的变化，但是这种演算方法不能描述回水、进出口损失、逆流和有压水流，在树状管网网络中的应用也是被限制的。动态波是通过求解完整的圣维南方程组来进行汇流演算的，它可以计算渠系蓄变量、回水、进水口损失、逆流以及有压水流等，因此适用于任何管网系统。所以在建模过程中，只考虑单一模式，模型可能无法准确地描述水文过程，从而产生较大的不确定性。

5.2.3.2 产流模型

城市汇水区的产流过程就是暴雨的扣损过程，当降雨量大于截留和填洼量，且降雨强度超过下渗速度时，地面开始积水并形成地表径流，这一过程通过产流模型进行描述。此单元确定有多少降雨经汇水区进入排水系统。

1. SWMM 产流

SWMM 模型是基于水动力学的降雨-径流模拟模型，它是一个内容相当广泛的城市暴雨径流水量、水质模拟和预报模型，既可以模拟单个降雨事件也可以用于长期连续模拟。SWMM 径流部分的模拟需要对研究区域进行分区，在这些子集水区上汇集降雨并产生径流和污染负荷。SWMM 的演算部分可计算通过由管道、渠道、蓄水和处理设施、水泵、调节闸等构成的排水系统内的径流。SWMM 还可以模拟每一个子集水区产生径流的水量、水质。SWMM 自 1971 年开发以来，在全世界广泛用于规划、分析和设计暴雨洪水径流、合流制系统、污水系统以及其他的城市排水系统。最新的 SWMM 5.0 版本增加了低影响开发（LID）模块，可以模拟生物滞留设施、渗透铺装、渗透渠、雨水桶和植草沟五种类型的 LID 设施。

SWMM 的功能主要是通过径流模块、输送模块、扩展输送模块、调蓄/处理模块、受纳水体模块等具体体现出来，如图 5-14 所示。

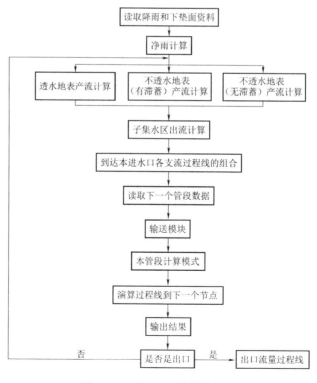

图 5-14 SWMM 计算流程图

在 SWMM 模型中，充分考虑了土地利用状况和排水走向，将整个研究区域划分为若干个子汇水区，根据各子汇水区的特性参数计算各自的径流过程，并通过流量演算方法将各子汇水区的出流组合起来。每一个子汇水区再分为三个部分：（1）有洼地不透水区地表 A_1，不透水区地表具有一定的滞蓄能力，降雨开始后不会立即产生地表径流；（2）无洼地不透水区地表 A_2，不透水区地表不具有滞蓄能力，降雨开始就立即产生地表径流；（3）透水地表 A_3，地表具有一定的渗透能力，当地表的渗透能力达到饱和之后即开始产流。地表径流在子汇水区上汇集后可以通过节点流入排水管网，也可以流到下一个子汇水区。

降雨落到汇水区后首先需要计算降雨损失量，不同类型汇水区的损失量计算方法是不同的，由此产生了不同的产流量计算方法。具体方法如下：

1）有洼地不透水地表的产流量

有洼蓄量的不透水地表的降雨损失主要为洼蓄量，其产流量可表示为：

$$R_2 = P - D \tag{5-1}$$

式中　R_2——有洼地不透水地表的产流量，mm；

　　　P——降雨量，mm；

　　　D——洼蓄量，mm。

2）无洼地不透水地表的产流量

在无洼蓄量的不透水地表上的降雨损失只有雨季蒸发，其产流量可表示为：

$$R_1 = P - E \tag{5-2}$$

式中　R_1——无洼地不透水地表的产流量，mm；

　　　P——降雨量，mm；

　　　E——蒸发量，mm。

3）透水地表的产流量

透水地表降雨损失主要为入渗量，其中入渗是指降雨入渗到地表不饱和土壤带的过程，其产流量可表示为：

$$R_3 = (i - f) \cdot T \tag{5-3}$$

式中　R_3——透水地表的产流量，mm；

　　　i——降雨强度，mm/s；

　　　f——入渗率，mm/s。

　　　T——降雨历时，s。

在 SWMM 模型中，下渗到不饱和土壤层的水量可以用 Horton 下渗模型、Green-Ampt 下渗模型、径流渗透曲线法（Curve Number Method）和 SCS 曲线数下渗模型。

2. Infoworks ICM 产流

Infoworks ICM 具有目前广泛应用的多种模型选项，满足不同地区用户的需要和偏好。模型选项包括：固定比例径流模型（The Fixed Percentage Model）、Wallingford 径流模型、New UK 径流模型、SCS 模型、Green-Ampt 渗透模型、霍顿（Horton）渗透模型、CN 值等。本研究对于不透水表面采用固定径流比例模型，透水表面采用 Horton 渗透模型进行径流计算。原理如下：

1）固定比例径流模型

初期损失之后的降雨损失定义为与前期状况无关的固定值。建议仅用于不透水区域或者径流受前期状况影响不大的透水区域（因其不考虑初期状况，最好不要用）。

模型定义净雨量（扣除初期损失）的一个固定百分比作为径流量。对于不透水表面（路面和屋面），一般 70%～90% 是合适的。

2）Horton 模型

霍顿入渗模型描述了入渗率由最大值随时间呈指数级下降至最小值的入渗过程。根据均质单元土柱的下渗试验资料，认为当降雨持续进行时，下渗率逐渐减小，下渗过程是一个消退的速率与剩余量成正比的过程。该模型公式需要确定研究区域的最大入渗率、最小入渗率、入渗衰减系数、最大入渗量及使完全饱和土壤恢复到干旱状态的时间。透水与半透水表面的渗透都可以用 Horton 模型。这是一个经验模型，由小型集水区渗透计研究得到，通常表达为时间的函数。

$$f = f_c + (f_0 - f_c)e^{-kt} \tag{5-4}$$

累计渗透量为：

$$F = \int_0^t f = f_c t + \frac{f_0 - f_c}{k}(1 - e^{-kt}) \tag{5-5}$$

式中　F——累计渗透量，mm；

　　　f——t 时刻的下渗率，mm/h；

　　　f_0——初始下渗率，mm/h；

　　　f_c——稳定下渗率，mm/h；

　　　k——入渗衰减系数，1/h；

　　　t——降雨时间，h。

MIKE 产流

MIKE 系列模型软件适用环境广泛，包括城市降雨产汇流模拟及径流入河入海等过程模拟。模拟过程涉及一维至三维，以及水动力、水环境、生态系统等方面。

MIKE 模型发展至今，已经具有一系列的模型软件。MIKE 系列模型包括 MIKE Urban、MIKE SHE、MIKE MOUSE、MIKE 21 等。下面分别对 MIKE 系列模型所提供的产流模型进行介绍。

MIKE Urban 模型的功能主要是通过模块管理器（Model Manager，MM）、水动力模块（Hydrodynamics，HD）、降雨径流模块（Rainfall-Runoff，RR）、实时控制模块（Real-Time Control，RTC）、污染物传输模块（Pollution Transport，PT）、生物过程模块（Biological Processes，BP）、MIKE View 模块、DIMS 模块等实现。各模块间的运行结构如图 5-15 所示。

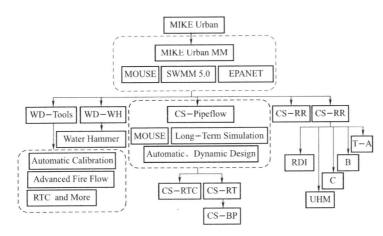

图 5-15 Mike-Urban 各模块之间运行结构图

产流阶段作为 MIKE Urban 模型模拟的第一阶段，依靠的是水文模块的功能。模型根据给定的各种下垫面面积及其不透水率自动计算每个集水区的综合径流系数，其产流的计算过程为：集水区上的总降雨量扣除下渗的水量，再减去径流过程的初损量就是对应集水区上的净雨量，同时也将计算出集水区的汇流时间与降雨量之间的关系曲线。

MIKE Urban 模型的径流模块（Rainfall-Runoff），为城市用地表面径流计算提供了四种不同层次的水文模型。同时还设计了一个专门的连续水文模型用于雨水径流的连续入渗模拟。模拟结果可为下一步管流计算提供条件，也为集水区的降雨过程模拟提供基础。MIKE Urban 包含四种地表径流模块，分别为时间-面积曲线模型（T-A），非线性水库水文过程线（动力波模型）、线性水库模型，单位水文过程线模型（UHM）。降雨径流模块（Rainfall-Runoff，RR）结构如图 5-16 所示。

时间-面积曲线模型（T-A）：MIKE Urban 的 T-A 径流模型中，产流模型采用了固定系数法，将高于初损（Initial loss）的降雨量再乘以一个水力损失系数作为集水区的产流量。时间-面积曲线模型，分为产流控制和汇流控制两大模块,产流控制需要确定的参数有不透水率、初损和后损(水文衰减系数),汇流控制需要确定的参数有时间-面积曲线类型、汇水区的面积,以及汇流时间(平均流速)。T-A模型操作简单、快速,应用广泛,但对地形坡度较大的集水区不适用。T-A模型运行结构如图5-17所示。

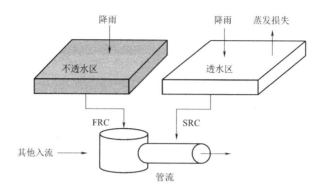

图5-16 CS-RR模块结构图

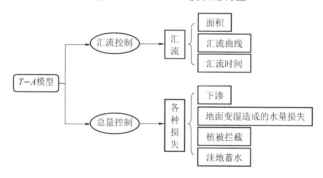

图5-17 T-A模型运行结构

T-A模型降雨径流模拟结果主要影响因素有多个,其中,控制径流总量包括:不透水面积比、初损及水文衰减系数(即沿程水头损失);控制地面汇流过程包括:集水时间(地面产流汇集至检查井的时间)和时间面积曲线。

单位水文过程线模型(UHM):MIKE Urban的单位线径流模型将径流曲线法(SCS-CN)直接用于产流量的计算。径流曲线数法,是美国农业部土壤保持局开发用于估算无资料区径流量的经验模型,该模型的建立基于水平衡方程以及两个基本假设。

水平衡方程:

$$P = I_a + F + Q \tag{5-6}$$

假设1:

$$\frac{Q}{P - I_a} = \frac{F}{S} \tag{5-7}$$

假设2：
$$I_a = \lambda S \tag{5-8}$$

式中　P——总降雨量，mm；
　　　I_a——初损量（植物截留、表层蓄水等），mm；
　　　Q——径流量，mm；
　　　F——累计入渗量，mm；
　　　S——可能最大入渗量，mm；
　　　λ——区域参数，取 0.2。

为了估算流域土壤的可能最大入渗量 S，美国农业部土壤保持局提出了径流曲线数（Runoff Curve Number, CN）作为反映降雨前流域特征的一个综合参数，即：

$$S = \left(\frac{25400}{CN}\right) - 254 \tag{5-9}$$

通过进一步推导，当 $P > I_a$ 时：

$$Q = \frac{(P - I_a)^2}{(P - I_a) + S} \tag{5-10}$$

当 $P < I_a$ 时：

$$Q = 0 \tag{5-11}$$

MIKE 11 中含有许多降雨径流的模型，用于连续降雨情形模拟的 NAM 模型、概念型模型；针对简单暴雨事件情况下缺少河流流量数据的单位水文过程线模型（UHM）；SMAP-月度土壤湿度计算模型；洪水估算手册（CEH Wallington）。

NAM 模型是 MIKE 11 RR（Rainfall-Runoff）模块包含的多种降雨径流模拟方法中的一种，是一个集中式、概念模型，主要用于模拟自然流域内的降雨径流过程。NAM 模型模拟流域内的产汇流过程，这一模块既可以单独使用，也可以用于计算一个或多个产流区，每个产流区形成的径流可以以线、面源两种形式的旁侧入流汇入到水动力（HD）模型的河网中。NAM 模型的产流机制为：

进入地面水库的降雨及融雪将用于补充水库蓄水量（U）及蒸发，当水库蓄量达到地面水库蓄水容量（$U \geqslant U_{max}$）时，其余降水 P_N 中的一部分转换为地表径流 Q_{OF}，它与浅层水库蓄量 L/L_{max} 呈线性关系，一部分通过下渗进入浅层水库及地下水库。

其中融雪径流为：

$$Q_{melt} = \begin{cases} C_{snow}(T - T_0) & T > T_0 \\ 0 & T \leqslant T_0 \end{cases} \tag{5-12.1}$$

$$P_s = \begin{cases} Q_{\text{melt}} & WR > C_{\text{wr}}S_{\text{snow}} \\ 0 & WR \leq C_{\text{wr}}S_{\text{snow}} \end{cases} \quad (5-12.2)$$

式中 P_s——融雪径流，mm/d；

WR——积雪含水量，mm；

C_{wr}——含水系数；

S_{snow}——储雪量，mm；

Q_{melt}——融雪量，mm/d；

C_{snow}——融雪系数，mm/（℃·d）；

T——温度，℃。

地表径流计算公式为：

$$Q_{\text{OF}} = \begin{cases} C_{QOF}P_N(L/L_{\max} - T_{\text{OF}})/(1-T_{\text{OF}}) & L/L_{\max} > T_{\text{OF}} \\ 0 & L/L_{\max} \leq T_{\text{OF}} \end{cases} \quad (5-13)$$

式中 C_{QOF}——地表径流系数（$0 \leq C_{QOF} \leq 1$）；

T_{OF}——地表径流产生阈值（$0 \leq T_{\text{OF}} \leq 1$）。

当水分下渗到根系带时，根系带的水分除用于植物蒸散发外，还要对浅水库蓄水量进行补充，其余部分继续渗入地下水库。对浅层水库的补充量 D_L 及下渗到地下水库的下渗量 G 分别按下式计算：

$$G = \begin{cases} (P_N - Q_{\text{OF}})(L/L_{\max} - T_G)/(1-T_G) & L/L_{\max} > T_G \\ 0 & L/L_{\max} \leq T_G \end{cases} \quad (5-14)$$

式中 T_G——根系带地下水补给阈值（$0 \leq T_G \leq 1$）。

壤中流产于地面水库中，但其量值与根系带土壤水含量呈线性关系，其计算公式为：

$$Q_{\text{IF}} = \begin{cases} (C_{\text{KIF}})^{-1}U(L/L_{\max} - T_{\text{IF}})/(1-T_{\text{IF}}) & L/L_{\max} > T_{\text{IF}} \\ 0 & L/L_{\max} \leq T_{\text{IF}} \end{cases} \quad (5-15)$$

式中 C_{KIF}——壤中流时间常数；

T_{IF}——根系带壤中流产流阈值（$0 \leq T_{\text{IF}} \leq 1$）。

NAM 模型中水汽蒸发主要产生于地面水库中，当地面水库蓄量 U 小于蒸发能力 E_p 时，蒸发量则从浅层水库中扣除，实际蒸发量 E_a 与蒸发能力之间存在一定关系：

$$E_a = E_p L / L_{\max} \quad (5-16)$$

地下水库中的水分主要用于产生基流及毛管水。从地下水库通过毛管作用上升到浅层水库的水称为毛管水，毛管水的计算公式为：

$$C_{\text{AFLUX}} = (1 - L/L_{\max})^{1/2} (G_{\text{WL}}/G_{\text{WLFL1}})^{-\alpha} \quad (5-17)$$

第5章 城市雨洪模型构建的不确定性分析及综合评价

$$\alpha = 1.5 + 0.45 G_{\text{WLFL1}} \quad (5-18)$$

式中　G_{WLFL1}——根系带完全干燥时毛管流达到 1mm/d 的地下水深，mm。

基流计算公式为：

$$B_{\text{F}} = \begin{cases} (G_{\text{WLFL0}} - G_{\text{WL}}) S_{\text{y}} C_{\text{KBF}}^{-1} & G_{\text{WLFL0}} > G_{\text{WL}} \\ 0 & G_{\text{WLFL0}} \leqslant G_{\text{WL}} \end{cases} \quad (5-19)$$

式中　G_{WLFL0}——地下水库产流最大水深，mm；
　　　S_{y}——土壤出水系数。

表 5-12 列出了常用的几种城市雨洪模型所提供的产流模型对比。

产流模型对比表　　　　表5-12

模型选项	简介
固定比例径流模型	定义实际进入系统的雨量比例
Wallingford 固定径流模型	1983 年首次提出的英国径流体积计算方法，基于 17 个不同集水区的 510 场降雨统计回归分析结果，根据开发密度、土壤类型和子集水区前期湿度，采用回归方程预测径流系数，在英国获得持久应用
New UK 径流模型	1993 年 Wallingford 公司提出专门针对透水表面长时暴雨中径流增加现象的新模型。随着集水区湿度的增加，在每一个主要时间步长更新径流百分数。用于反映降雨产生径流流量过程线的缓慢下降趋势。广泛应用于透水表面径流体积计算
SCS 模型	美国最早提出的广泛应用于预测农村集水区降雨径流体积的方法。该方法在美国、法国、德国、澳大利亚，以及非洲部分地区得到广泛应用。这是一个简单的径流模型，允许依赖于集水区湿度的径流系数变化。在降雨过程中，湿度得到更新，随着湿度的增加，径流系数增加
Green-Ampt 渗透模型	常用于美国 SWMM 模型的径流体积计算方法，采用 Mein & Larson 修订的 Green-Ampt 渗透公式，用于透水表面产流计算。分别对存在和不存在地面积水两种状况计算渗透量。在没有地面积水时，所有降雨全部下渗；当渗透率小于或等于降雨强度时地面开始积水，这时采用 Green-Ampt 公式计算下渗量
Horton 渗透模型	Horton 提出的广泛应用的著名下渗公式，为经验模型，假定潜渗透率随时间增加呈指数减小
固定渗透模型	用于模拟具有稳定渗透损失渗入地下的渗透性铺面。渗透损失由"渗透损失系数"确定。其他同固定比例径流模型类似
T-A 模型	采用固定系数法，将高于初损（Initial loss）的降雨量再乘以一个水力损失系数作为集水区的产流量
非线性水库水文过程线	模型降雨径流的计算过程中将地面径流作为菱形渠道计算，只考虑其中的重力和摩擦力作用，径流总量由净雨量、初损、沿损和计算区域的大小控制，多用于简单的河网模拟，同时也可作为二维地表径流模型
线性水库模型	将地面径流视为通过线性水库的径流形式，即每个汇水区的地表径流和当前水深成比例

续表

模型选项	简介
单位水文过程线模型（UHM）	用于没有任何流量数据或已建立单位水文过程线的区域的单一降雨径流模拟。将径流曲线法（SCS-CN）直接用于产流量的计算
NAM 模型	是一个集中式、概念模型，主要用于模拟自然流域内的降雨径流过程。用于连续降雨情形模拟

5.2.3.3 汇流模型

汇流模型（Routing Model）确定降雨以多快的速度从汇水区进入排水系统。可以针对表面类型选用不同汇流模型。

1. SWMM 汇流

汇流计算采用非线性水库模型，由连续方程和曼宁方程联立求解。模型需要输入研究区域的面积、三种不同地表的曼宁糙率、子集水区宽度、子集水区坡度及有洼蓄地表的洼蓄量。

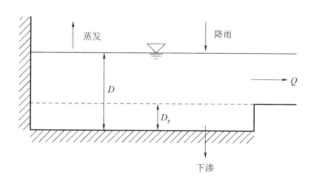

图 5-18 非线性水库模型原理图

非线性水库模型将子集水区概化为一个水深较浅的水库。降雨作为模型的输入，入渗和地表径流作为模型的输出，如图 5-18 所示。模型假设子集水区出口处的地表径流为水深等于 $D-D_p$ 的均匀流，并且出流量是水深的非线性函数。

非线性水库连续方程为：

$$\frac{dV}{dt} = A\frac{dD}{dt} = Ai^* - Q \qquad (5-20)$$

式中　V——集水区的总水量，m^3；

D——水深，m；

A——集水区面积，m^2；

i^*——净雨强度，mm/h；

Q——径流流量，m^3/h。

径流流量通过曼宁公式计算：

$$Q = W\frac{1.49}{n}(D-D_p)^{\frac{5}{3}}S^{\frac{1}{2}} \quad (5-21)$$

式中　W——集水区特征宽度，m；

　　　N——地表曼宁系数；

　　　D_p——地表滞蓄水深，m；

　　　S——集水区平均坡度。

联立式（5-20）和式（5-21），合并为非线性微分方程，求解未知数 D。

$$\frac{dD}{dt} = i^* - \frac{1.49W}{A\cdot n}\left[(D-D_p)^{\frac{5}{3}}\right]S^{\frac{1}{2}} = i^* + WCON\cdot(D-D_p)^{\frac{5}{2}} \quad (5-22)$$

$WCON = -\frac{1.49W}{A\cdot n}S^{\frac{1}{2}}$，为面积、特征宽度和曼宁系数构成的流量演算参数。对于每一时间步长，用有限差分法求解式（5-22）。方程右边的静入流量和净出流量为时段的平均值，净雨强度值 i^* 在计算中也是时段的平均值。则式（5-22）可转变为：

$$\frac{D_2-D_1}{\Delta t} = i^* + WCON\cdot\left[D_1 - \frac{1}{2}(D_2-D_1) - D_p\right]^{\frac{5}{3}} \quad (5-23)$$

式中　$\triangle T$——时间步长，s；

　　　D_1——时段内水深初始值，m；

　　　D_2——时段内水深终值，m。

用霍顿公式计算时段步长内的平均下渗率，再对式（5-23）采用 Newton-Raphson 迭代法求解，便可得到 D_2，将 D_2 代入式（5-23），从而得出时段末的瞬时出流量 Q_2。

2. InfoWorks ICM 汇流

InfoWorks ICM 模型具有不同的汇流模型可供选择，包括双线性水库（Wallingford）模型、大型贡献面积径流模型、SPRINT 径流模型、Desbordes 径流模型、非线性水库模型、Unit 单位线模型等。本研究主要针对双线性水库和非线性水库进行模型结构的不确定性分析。双线性水库模型汇流计算过程如下：

汇流模型基于双线性水库模型的应用，每一个表面类型均采用串联的两个水库，每一个水库均有一个相当的存储 - 输出关系，水库蓄水量 S 为：

$$S = kq \quad (5-24)$$

式中　S——水库蓄水量，m^3；

　　　k——滞后时间水库常数；

　　　q——出流量，m^3/s。

连续性方程：

$$i - q = \frac{\mathrm{d}s}{\mathrm{d}t} \quad (5-25)$$

式中　i——水库的入流量，m³/s。

将式（5-25）代入式（5-24）中，假定 $t=0$，$q=0$，可知：

$$q = i\left(1 - e^{-t/k}\right) \quad (5-26)$$

假定有效降雨在径流开始后 t_1 时刻停止，此时 $q=q_0$，则 $t > t_1$ 的出流量为：

$$q = q_0 e^{\frac{(t_1 - t)}{k}} \quad (5-27)$$

雨水降落到子集水区后灌满一个假设的水库。在任意一个时间步长，这个水库中的一部分水进入节点，另一部分水留在集水区表面，在下一级水库上进行同样类似的水量分配计算，即第一个水库的输出成为第二个水库的输入，两个水库的联合是由连续性方程导出的二次常微积分方程。

3. MIKE 汇流

汇流阶段作为 MIKE Urban 模拟的第二阶段，此过程的计算依靠水动力模块的功能。通过设置最大入流量参数，控制雨水井的收水能力，模拟水流在管网中的运行状态。MIKE Urban 模型在汇流计算部分，提供了时段单位线法、等流时线法、非线性水库法等不同的方法。

MIKE Urban 的 $T-A$ 模型计算汇流就是利用了等流时线法。假定集水区中各个位置水质点的流速 v 均相同，若集水区中均匀分布的所有水质点同时向出口汇集，某一时刻同时到达集水区出口的水质点具有相同的汇流时间，将汇流时间相等的水质点所处的位置连成一条线，称之为等流时线，相邻等流时线间的面积称为等流时面积。等流时线法的公式如下：

假设 τ 时刻开始下雨，需要求出 t 时刻集水区的出口断面流量，汇流时间为 $(t-\tau)$ 的区域构成了等流时面积，用 $\partial A(t-\tau)$ 表示，乘以 τ 时刻净雨强度 $i(\tau)$，即为 τ 时刻净雨对 t 时刻流域出口断面流量的贡献：

$$\mathrm{d}Q_{(t)} = \partial A(t-\tau) i(\tau) \quad (5-28)$$

式中　$\mathrm{d}Q_{(t)}$——t 时刻集水区的出口断面流量，m³/s；

　　　$\partial A(t-\tau)$——汇流时间为 $(t-\tau)$ 的区域构成等流时面积，m²；

　　　$i(\tau)$——τ 时刻净雨强度，mm/h。

对 $\mathrm{d}Q$ 从 $[0, t]$ 进行积分，可得到 t 时刻流域出口断面流量 Q。

$$Q_{(t)} = \int_0^t \partial A(t-\tau) i(\tau) = \int_0^t \frac{A(t-\tau)}{\partial t} i(\tau) \mathrm{d}\tau \quad (5-29)$$

式中　$Q_{(t)}$——t 时刻流域出口断面流量，m³/s。

MIKE Urban 模型利用时段单位线计算汇流过程时,首先假设所要推求的时段单位线时段为 Δt,统计各时段内流出流域出口的雨滴总个数,根据累积曲线的定义可知,各时段的雨滴总个数除以总的栅格数所得到的百分比分布即为该流域的无因次时段单位线。如果已知时段内的降雨 i,则根据无因次时段单位线的公式可以直接求得时段单位线:

$$q(\Delta t,\ t) = \frac{F}{\Delta t} u(\Delta t,\ t) i \tag{5-30}$$

式中　$q(\Delta t,\ t)$——时段单位线;
　　　F——流域面积,m^2;
　　　$u(\Delta t,\ t)i$——无因次时段单位线;
　　　Δt——时段单位线的实际时间步长。

以上方法仅考虑了集水区的传递效应,故仅适用于面积比较小的集水区域 ($A < 2.5\ km^2$),对于面积较大的积水区,Clark 建议再加上一个线性水库以模拟集水区的调蓄作用。调蓄公式为:

$$Q_i = c q_i (1-c) Q_{i-1} \tag{5-31}$$

式中　Q——时段单位线的最终值;
　　　c——$c = 2\Delta t / (2K + \Delta t)$,其中 K 为线性水库的演算系数。

在无水文资料的区域,SCS 和 CUHP 两种经验单位线可在模型中应用。

NAM 模型由 MIKE 11 提供,其汇流计算原理主要是基于水文循环的物理过程,再结合一些经验、半经验公式。通过对四个不同的相连储水层(积雪储水层、地表储水层、土壤或植物根区储水层、地下水储水层)进行含水量的计算来实现产汇流过程的模拟。

NAM 模型中的三种水源(地表径流、壤中流、基流)均采用线性水库法进行汇流演算,时间常数为 C_{K1},C_{K2}。其中壤中流的时间常数为一定常数,而地表径流的时间常数为变数,其变化关系为:

$$C_K = \begin{cases} C_{Kpar} & O_F \leqslant O_{Fmin} \\ C_{Kpar} (O_F / O_{Fmin})^{-\beta} & O_F > O_{Fmin} \end{cases} \tag{5-32}$$

式中　O_F——地表径流深,mm/h;
　　　C_{Kpar}——模型参数;
　　　O_{Fmin}——非线性演算最小径流深,mm/h;
　　　β——系数,一般取 0.33,与谢才系数相对应。

演算公式为(以地表径流为例):

$$Q_{Ft} = Q_{OFt} \left(1 - e^{-\Delta t / C_{K1}}\right) + Q_{Ft-1} e^{-\Delta t / C_{K1}} \tag{5-33}$$

综上所述，NAM 模型将水源主要划分为三层，其产流机制类似于蓄满产流，其汇流方法为线性水库法。

表 5-13 列出了常用的几种城市雨洪模型所提供的汇流模型对比。

汇流模型对比表 表 5-13

模型	简介
双线性水库（Wallingford）模型	Wallingford 模型采用线性水库汇流进行坡地漫流的模拟。在每一个节点将每一个子汇水区产生的净雨转换为一个入流过程线，采用一系列的两个概念线性水库来代表地面和小沟道具有的存储能力，以及降雨峰值和径流峰值之间的延缓。汇流参数取决于降雨强度、贡献面积和坡度。 汇流模型基于双准线性水库模型的应用。每一个表面类型均采用串联的两个水库，每一个水库均有一个相对应的存储-输出关系，适用于面积小于 1hm² 的集水区汇流计算
大型贡献面积径流模型	标准 Wallingford 线性水库模型适用于小型子汇水区（面积为 1hm² 以下），此模型则用于（面积为 100hm² 以下）大型贡献面积的汇流计算。模型考虑了汇水区的流动特性，并通过采用假设管道滞留作用的方式，使模型的出流过程线与实际情况相匹配。 为了真实反映流动特征，采用汇流系数乘数、径流时间滞后因数修改汇流模型以延缓出流峰值
SPRINT 径流模型	单线性水库模型，为欧洲 SPRINT 项目而开发，用于大型集总式汇水区汇流计算。 该方法与英国径流汇流模型不同之处在于： 1. 该方程仅适用于集总式集水区模型； 2. 为单一线性水库； 3. 等式与降雨强度无关
Desbordes 径流模型	法国标准汇流模型，单一线性水库模型。假设集水区出口流量同汇水区雨水体积成正比
非线性水库模型	美国开发的非线性水库模型，通常与 Horton 或者 Green-Ampt 透水表面体积模型连用。采用非线性水库和运动波方程计算坡面流，也称为非线性水库方法。需定义子汇水区宽度和地面曼宁粗糙系数。分别对子汇水区的各个表面进行汇流计算
Unit 单位线	单位线的水文学方法。洪峰时和总径流时间根据用户定义的或内置的 6 种单位线获得。用单位过程线来计算子汇水区净雨量所产生的径流

续表

模型	简介
T-A 模型	利用等时流线法模拟汇流过程，适用于径流运动速度分布均匀、集水区用地类型一致的情况
非线性水库模型	美国开发的非线性水库模型，通常与 Horton 或者 Green-Ampt 透水表面体积模型连用。采用非线性水库和运动波方程计算坡面流，也称为非线性水库方法。需定义子汇水区宽度和地面曼宁粗糙系数。分别对子汇水区的各个表面进行汇流计算
NAM 模型	主要计算三种水源（地表径流、壤中流、基流）的径流量，均采用线性水库法进行汇流演算

5.2.4 模型不确定性的综合评价

在多指标综合评价方法中，根据权重确定方法的不同，主要分为主观赋权法和客观赋权法。主观赋权法是人为根据重要程度和经验给出权重大小，分为层次分析法、模糊评价法、功效系数法、指数加权法和综合评价法等。客观赋权法是根据指标自身的作用及影响确定权数，再进行综合评价，分为主成分分析法、熵值法、变异系数法、多元分析法、聚类分析法和判别分析法等。以下分别介绍常用的几种综合评价方法。

5.2.4.1 层次分析法

主观赋权法中应用最为广泛的是层次分析法，该评价方法可以将人的主观判断用数量形式表达和处理，是一种定性方法和定量方法相结合的分析方法。其主要原理是分析系统中各指标之间的关系，建立综合评价系统的递阶层次结构；然后对同一层次的各指标关于上一层次中某一准则的重要性进行两两比较，构造两两比较判断矩阵；最后计算单一准则下元素的相对权重，并进行一致性检验。然而，熵值法能够深刻地反映出指标信息熵值的效用价值，其给出的指标权重值相比层次分析法有较高的可信度，并且避免了主观确定权重的人为因素，更具有现实意义。

5.2.4.2 模糊评价法

模糊评价法是一种基于模糊数学的综合评价方法。该综合评价法基于模糊数学对受到多种因素制约的事物或对象做出一个总体的评价。它具有结果清晰，系统性强的特点，能较好地解决模糊、难以量化的问题，适合各种非确定性问题的解决。模糊评价法的一般步骤为：

1）构建模糊综合评价指标体系

模糊综合评价指标体系是进行综合评价的基础，评价指标的选取是否适宜，将直接影响综合评价的准确性。进行评价指标的构建应广泛了解与该评价指标体系相关的行业资料或者法律法规。

2）构建好权重向量

通过专家经验法或者 AHP 层次分析法构建好权重向量。

3）构建评价矩阵

建立适合的隶属函数从而构建好评价矩阵。

4）评价矩阵和权重的合成

采用适合的合成因子对其进行合成，并对结果向量进行解释。

5.2.4.3 主成分分析法

主成分分析法是将多个变量化为少数综合变量的一种多元分析方法，用较少的指标来代替原来较多的指标，并使这些较少的指标尽可能地反映原来指标的信息，从根本上解决了指标间的信息重叠问题，又大大简化了原指标体系的指标结构。在主成分分析法中，各综合因子的权重不是人为确定的，而是根据综合因子贡献率的大小确定的。这就克服了某些评价方法中人为确定权数的问题，使得综合评价结果唯一、客观、合理，但计算过程比较繁琐，且对样本量的要求较大，评价的结果跟样本量的规模有关。主成分只是原始变量的线性关系，没有反映非线性情况，若指标之间的关系并非为线性关系，那么就有可能导致评价结果的偏差。

5.2.4.4 熵值法

熵值法是完全根据某事物中相关（属性）指标之间的离散程度，用信息熵来确定指标权重从而对对象进行评价。它是一种比较客观的综合指标评价法，不仅可以避免一些主观赋值法所带来的分析结果不稳定现象，还可以在一定程度上改善和提高综合评价的质量。设有 m 个指标，n 个被评价对象，于是形成评价系统的原始数据矩阵 $X=(x_{ij})m \times n$，其中 x_{ij} 为第 i 个指标中第 j 项被评价对象的数值。若某项指标的指标值之间的离散程度越大，信息熵值就越大，该项指标的权重也就越大；反之，信息熵值越小，该项指标权重也就越小。所以，用信息熵来确定指标的权重，评价结果具有客观性、真实性和科学性。

5.2.4.5 变异系数法

变异系数是统计中常用的衡量数据差异的统计指标，该方法根据各个指标在所有被评价对象上观测值的变异程度大小来对其赋权。为避免指标的量纲和数量级不同所带来的影响，该方法直接用变异系数归一化处理后的数值作为各指标的权数。

变异系数法的实现步骤如下：

1）对原始数据 X 计算各指标的标准差，反映各指标的绝对变异程度。

2）计算各指标的变异系数，反映各指标的相对变异程度。

3）对各指标的变异系数进行归一化处理，得到各指标的权数。

变异系数法的基本原理在于变异程度越大的指标对综合评价的影响就越大，权重大小体现了指标分辨能力的大小。但它不能体现指标的独立性大小以及评价者对指标价值的理解，因而在评价指标独立性较强的项目中可以采用。

5.3 案例分析

选取深圳市光明新区新城公园为研究对象，对低影响开发公园进行模拟不确定分析及综合评价。

5.3.1 研究区域概况

光明新区位于深圳市西北部，处于深圳最大河流茅洲河的上中游，属山间河谷盆地。辖区总面积为 155.33km²，总人口 90 余万人，规划城市建设用地 49.04km²，占辖区总面积的 31.6%，其中绝大部分为工业用地和居住用地，分别占建设用地的 56.8% 和 16.0%。其余为道路广场用地、绿地、政府社团用地、商业服务业设施用地等。

光明新区地处北回归线以南，属亚热带海洋性季风气候。四季温和，雨量充足，每年 4—9 月为雨季，多年平均降雨量为 1837mm，平均相对湿度为 79%；日照时间长，年平均温度为 22℃；常年主导风向为东北风和东南风。光明新区多年月平均蒸发量见表 5-14。

深圳市多年月平均蒸发量（1986—2005 年） 表 5-14

月份	1	2	3	4	5	6
多年月平均蒸发量（mm）	62.3	48.5	50.7	59.4	81.3	86.2
月份	7	8	9	10	11	12
多年月平均蒸发量（mm）	109.5	115.5	111.9	115.8	93.5	79.6

新城公园位于光明新区办事处光侨大道西侧，光明新区管理委员会东侧，北面为华夏路，西、南面为公园路，是一座以山体、林地、池塘、谷田等自然资源为依托，建设面积达 56hm² 的生态型区级市政公园，其中绝大部分为绿地和林地，剩余为道路、广场、建筑用地以及水体等（图 5-19）。新城公园原始地貌属残丘

坡地及冲沟地貌，地势西北高，东南低，地形特征复杂。公园中部偏南有一个小山丘，最大高差约 70m。建成后的新城公园经人工开挖、堆填、平整后，总体较平坦。该公园规划设计始终贯穿生态、环保、节能理念，通过利用低影响开发新型节能环保型雨水关键技术措施，进行功能性景观设施在城市开放空间的示范应用。

图 5-19　光明新区新城公园研究区

5.3.2　研究区监测情况

在新城公园研究区内安装了 Watchdog 3554WD 型号的雨量计，它可以记录每分钟的降雨量，通过 Spec 9.0 专业版软件对数据采集器进行启动、设置，并完成数据下载。流量监测采用哈希公司的 FL900 型流量计，将其安装在检查井内。由于深圳地区多为短历时降雨，故将流量数据采集时间设置为 1min。

参数的率定和验证采用深圳市光明新区新城公园内安装的流量计实测数据，其中一部分用于模型的参数率定，另一部分用于模型的验证。根据获得的有效数据，选用 2013 年 5 月 19 日实测流量数据进行参数率定，2013 年 9 月 14 日实测流量数据进行参数验证。

5.3.3 模型构建

由于模型是在概化后的子汇水区的基础上进行模拟，子汇水区的离散程度对模型的模拟结果会产生重要影响。赵冬泉等人通过对比汇水区的不同划分策略，分析了汇水区坡度的空间差异性及流经路径对模型模拟结果的影响。结果证明，不同坡度下汇水区细分对模型模拟结果影响有差异，地形平缓的地区影响较大。子汇水区的划分是一项需要消耗大量人力和时间的工作，会直接影响模型的运行成本，因此本研究只选取了公园的汇水分区 1（图 5-20、图 5-21 中深色块区域）作为研究区，并通过软件本身的泰森多边形自动划分汇水区功能进行汇水区的进一步细分。

根据新城公园设计图纸及现场勘查情况可知，研究区域总面积为 8.3hm^2，其中道路、屋面和广场等不透水面积占 5%，林地和草地等透水面积占 95%。通过地面高程模型和雨水管线的走向进行管网概化和子汇水区划分，最终整个汇水区共划分成 27 个子汇水区，管线 27 条，节点 27 个，出水口 1 个，如图 5-20 所示。

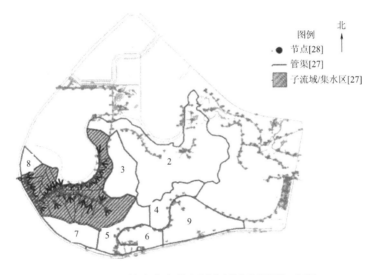

图 5-20 以检查井为节点划分新城公园子汇水区

根据新城公园设计图纸可知，研究区域内共有平箅式雨水口 30 个。通过 DEM 和雨水口的位置进行管网概化和子汇水区划分，最终整个汇水区共划分成 41 个子汇水区，管线 68 条，节点 68 个，出水口 1 个（图 5-21）。与以检查井为节点的划分方式相比，以雨水口为节点的划分方式多出了 14 个子汇水区。

降雨数据作为模型的输入数据，是模型模拟的动力因子。在 InfoWorks ICM 模型中，降雨数据为等时间间隔的降雨强度。降雨强度是降雨剧烈程度的量度，降雨量大，降雨历时短，则降雨强度大。反之亦然。在气象上用降水量来区分降水的强度，中国气象局颁布的降雨强度等级划分标准见表 5-15。

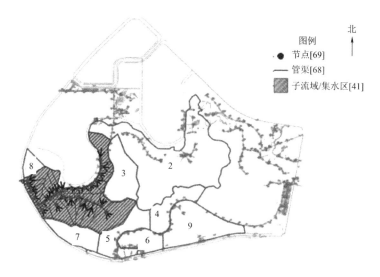

图 5-21 以雨水口为节点划分新城公园子汇水区

降雨强度等级划分标准（内陆部分） 表 5-15

等级	12h 降水总量 (mm)	24h 降水总量 (mm)
小雨	0.1～4.9	0.1～9.9
小到中雨	3.0～9.9	5.0～16.9
中雨	5.0～14.9	10.0～24.9
中到大雨	10.0～22.9	17.0～37.9
大雨	15.0～29.9	25.0～49.9
大到暴雨	30.0～49.9	38.0～74.9
暴雨	30.0～69.9	50.0～99.9
暴雨到大暴雨	50.0～104.9	75.0～174.9
大暴雨	70.0～139.9	100.0～249.9
大暴雨到特大暴雨	105.0～169.9	175.0～299.9
特大暴雨	＞140.0	＞250.0

为了更真实地模拟管道现状，需要对管道粗糙系数和管道内沉积物厚度进行初始设定。在 InfoWorks ICM 模型中，可选用柯列勃洛克-怀特（Colebrook-White）或曼宁（Manning）公式来计算水力粗糙性。本研究选用 Manning 公式计算，具体曼宁系数见表 5-16。

曼宁系数作为水力粗糙类型的典型值　　　　　表 5-16

材料	N（曼宁系数）
铸铁管（水泥衬砌并密封）	0.011～0.015
混凝土管	0.011～0.015
塑料管（平滑的）	0.011～0.015
光滑土明渠	0.020～0.030
砖砌明渠	0.012～0.018
混凝土衬砌明渠	0.011～0.020
自然渠道（较规则断面）	0.030～0.070

由于模型选用固定比例径流模型，需要确定不同下垫面的径流系数。本研究所采用的径流系数见表 5-17，汇水面积的平均径流系数应按下垫面的种类加权平均计算。

径流系数　　　　　表 5-17

下垫面种类	雨量径流系数
硬屋面、没铺石子的平屋面、沥青屋面	0.8～0.9
铺石子的平屋面	0.6～0.7
绿化屋面	0.3～0.4
混凝土和沥青路面	0.8～0.9
块石等铺砌路面	0.5～0.6
干砌砖、石及碎石路面	0.4
飞铺砌的土路面	0.3
绿地	0.15
水面	1
地下室覆土绿地（覆土厚度≥500mm）	0.15
地下室覆土绿地（覆土厚度<500mm）	0.3～0.4

5.3.4　模型参数率定和验证

模型模拟结果的可靠性及模拟精度，很大程度上取决于研究区域基础资料的完整性、准确性以及模型参数的设置。宫永伟等人通过 SWMM、MIKE Urban、InfoWorks ICM 三种模型在默认参数无率定的情况下进行模拟，结果表明尽管模拟结果的趋势是一致的，但是不同模拟结果的水位、流速和峰值流量是不同的。

因此，为了正确反映客观事物的发展规律和有效指导实践工作，参数的率定和验证是提高模拟可靠性和模拟精度必不可少的过程。

5.3.4.1 指标选取

选用Nash-Sutcliffe效率系数（E_{NS}）、偏差百分比（$BLAS$）和均方根误差（$RMSE$）作为模型模拟结果的评价指标，分别检验模拟值与监测值的吻合程度，以及模拟曲线与监测曲线的线性相关程度。

5.3.4.2 模型参数的率定

采用2013年5月19日实测的降雨数据和流量数据进行水文水力参数的率定（图5-22），结合模型手册经过人工试错法调整，所得参数结果见表5-18。

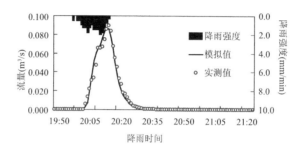

图5-22　2013年5月19日降雨事件模拟率定结果

水文水力参数率定结果　　　　　　　　　　表5-18

产流表面	屋面	道路	绿地
汇流类型	Rel	Rel	Rel
汇流参数	0.013	0.013	0.200
径流量类型	Fixed	Fixed	Horton
初损类型	Abs	Abs	Abs
初损损失值（m）	0.002	0.002	0.010
汇流模型	SWMM	SWMM	SWMM
固定径流系数	0.75	0.75	—
Horton初渗率（mm/h）	—	—	76.0
Horton稳渗率（mm/h）	—	—	2.5

由图5-22可知，模型率定结果中E_{NS}的值为0.92，$BLAS$为13.4%，$RMSE$为3.35L/s。说明率定的参数组满足目标函数，能够较好地表征研究区的产汇流情况。

5.3.4.3 模型参数的验证

采用 2013 年 9 月 14 日实测的降雨数据和流量数据对率定的水文参数组进行验证，具体结果如图 5-23 所示。

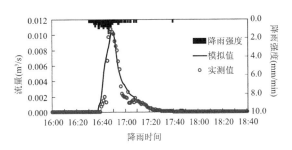

图 5-23　2013 年 9 月 14 日降雨事件模拟验证结果

由图 5-23 可知，模型验证结果中 E_{NS} 的值为 0.81，$BLAS$ 为 13.2%，$RMSE$ 为 0.09L/s，说明监测值和模拟值拟合较好，构建的模型可用于后续研究分析。

5.3.5　模型输入的不确定性分析

5.3.5.1　汇水区划分方式

尽管汇水区的概化方式对水文模拟影响的研究较多，但是以雨水口为节点来划分汇水区的概化方式对模拟影响的研究还较少。故本节将分析汇水区的划分方式对模型模拟效果的研究。

1. 雨水口设置

雨水口是降雨径流进入城市排水管网的管道附属构筑物。地表上的降雨径流通过雨水口进入到管网系统中，最终排往下游河道。雨水口的数量不足、类型选择不当、堵塞等问题均会造成暴雨时路面积水。

考虑到现实生活中雨水口经常出现堵塞现象，以及雨水口孔口的形状、雨水口厚度（孔口壁厚度）的不同，故雨水口的泄水能力计算公式如下：

$$Q = w\alpha\sqrt{2gh} \cdot k \qquad (5-34)$$

式中　Q——雨水口的泄水能力，m^3/s；

　　　w——雨水口进水孔口面积，m^2；

　　　α——孔口系数，圆角孔为 0.8，方角孔为 0.6；

　　　g——重力加速度，$g=9.80m/s^2$；

　　　h——雨水口上允许水头，一般为 0.02～0.06m；

　　　k——孔口阻塞系数，一般为 2/3。

《给水排水标准图集》给出了各种雨水箅的泄水能力，是北京市雨水口上允许水头为 0.04m 时的经验数据。由于深圳市和北京市的降雨差异较大，所以根据实地测量新城公园的雨水口尺寸进行校核计算，减小误差。

平箅式雨水口泄水能力　　　　　　　　　　表 5-19

雨水口形式	泄水能力（L/s）
平箅式单箅雨水口	20
平箅式双箅雨水口	35
平箅式多箅雨水口	15（每箅）

平箅式雨水口泄水能力见表 5-19。新城公园的雨水口为平箅式雨水口，尺寸为 600mm×400mm，经测量进水孔口面积为 $0.068m^2$，根据雨水口泄水能力计算公式求得雨水口的水头流量关系表，如图 5-24 所示。

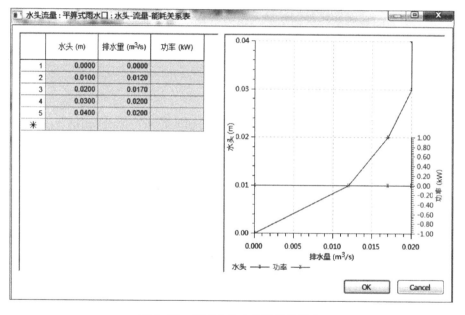

图 5-24　雨水口的水头流量关系表

在 InfoWorks ICM 中，检查井的洪水类型在一维模型中为 Stored，将检查井的参数洪水类型改为 Gully 则为雨水口，然后在雨水口参数中设置雨水口的个数和水头流量关系表（图 5-25）。

2. 降雨事件选择

本研究采用新城公园 2013 年的实地监测降雨数据作为模型模拟的降雨条件，并根据降雨强度等级划分标准（表 5-16）选择不同等级的降雨，具体降雨事件的特征参数见表 5-20 所示。

第 5 章 城市雨洪模型构建的不确定性分析及综合评价

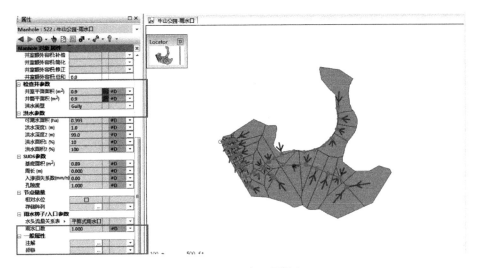

图 5-25 雨水口属性表

降雨事件的特征参数 表 5-20

降雨事件	降雨量（mm）	降雨历时（min）	最大降雨强度（mm/min）	平均降雨强度（mm/min）	降雨等级
2013 年 4 月 25 日	40.9	411	1.5	0.1	大雨
2013 年 7 月 10 日	28.0	166	1.3	0.2	中到大雨
2013 年 8 月 17 日	93.6	297	1.8	0.3	暴雨
2013 年 8 月 30 日	139.9	344	1.8	0.4	大暴雨

3. 模拟结果

选用新城公园 2013 年实地监测的降雨数据进行模型输入的不确定性分析，以此来评价汇水区的划分方式对模型输出结果的影响程度。汇水区总出口模拟结果如图 5-26～图 5-29 所示。

1）由图 5-26～图 5-29 可知：在不同的汇水区划分方式情况下，汇水区出口的流量过程线的变化趋势一致，均随着降雨强度的变化而变化。究其原因，虽然两者汇水区的划分方式不同，但是两者采用的产汇流模型是一致的。产流模型决定该汇水区产生的径流量，汇流模型决定径流的汇流速度，不同的汇水区划分方式可能导致汇水区的汇流路径以及下垫面的组成不同，但是最终的变化趋势是一致的。

2）在中雨、大雨的情况下，两种划分方式的出口流量过程线是一致的。而在暴雨、大暴雨的情况下，尽管两者的变化趋势一致，但是以雨水口划分汇水区的峰值流量要低于以检查井划分汇水区的峰值流量。结果表明，在中小降雨的条件下，不同的汇水区划分方式对模拟结果的影响不明显；在暴雨或特大暴雨这种极端天气条件下，不同的汇水区划分方式对模拟结果的影响较大。

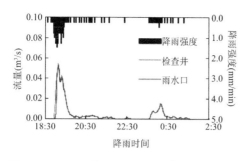
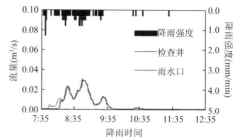

图 5-26　2013 年 4 月 25 日总出口模拟结果　图 5-27　2013 年 7 月 10 日总出口模拟结果

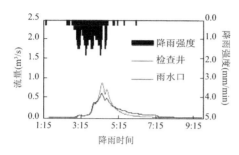
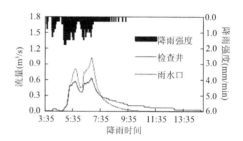

图 5-28　2013 年 8 月 17 日总出口模拟结果　图 5-29　2013 年 8 月 30 日总出口模拟结果

3）由表 5-21 可知，径流总量和产流时间随降雨等级的不同均发生不同程度的变化，径流总量的差异性较明显，而峰现时间差异性不明显。2013 年 4 月 25 日、2013 年 7 月 10 日两场降雨的径流总量低于以检查井为节点划分方式的径流总量，峰现时间也有所推迟；而 2013 年 8 月 17 日、2013 年 8 月 30 日两场降雨的径流总量大于以检查井为节点划分方式的径流总量，峰现时间有所提前。

不同汇水区划分方式模拟结果对比　　　　表 5-21

降雨事件	2013 年 4 月 25 日		2013 年 7 月 10 日		2013 年 8 月 17 日		2013 年 8 月 30 日	
方案	检查井	雨水口	检查井	雨水口	检查井	雨水口	检查井	雨水口
最大峰值流量（L/s）	54.17	51.81	30.23	29.42	891.24	609.83	1023.21	626.69
径流总量（m³）	120.44	114.84	80.35	74.76	2982.69	3108.66	6478.73	6583.66
产流时间	18:55	18:58	7:46	8:05	2:48	2:56	3:46	4:05
峰现时间	19:07	19:08	8:49	8:50	4:21	4:20	6:55	6:54

5.3.5.2　汇水区划分方式的不确定性分析

1. 不同划分方式对产流时间和峰现时间的影响

以雨水口作为汇水区划分节点的方式产流时间有一定程度的推迟，峰现时间基本没有变化。这是由于两种汇水区划分方式不同，以雨水口为节点进行汇水区划分的方式更接近现实的情况。与以检查井为节点的划分方式相比，不透水区域（道路、屋面）和透水区域（绿地）产生的地表径流通过雨水口进入雨水管线，延长了径流的传输路径。在相同的降雨条件下，雨水口为节点的划分方式致使地表径流路径延长，必然会导致产流时间的推迟。

2. 不同划分方式对峰值流量的影响

不同划分方式下出口的峰值流量变化趋势与降雨量呈正相关关系。采用降雨等级较高的降雨（如2013年8月17日、2013年8月30日）进行模拟时，与方案1相比，方案2的峰值流量差异较大；而采用降雨等级低的降雨（如2013年4月25日、2013年7月10日）进行模拟时，两者的峰值流量差异较小（图5-30）。

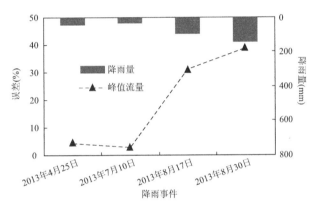

图5-30 两种方案下峰值流量的差异

对于峰值流量，两个方案模拟结果的差异变化较大，为2.7%~38.8%。其中2013年7月10日降雨的峰值流量偏差百分比最小，2013年8月30日降雨的峰值流量偏差百分比较大。由图5-30可知，出口处峰值流量的偏差百分比随降雨量的增加，呈现出逐渐增加的变化趋势。导致这种结果的原因是受到雨水口泄水能力的影响，单算雨水口的最大泄水能力为20L/s，限制了汇水区的径流进入雨水管网系统的流量。随着降雨量的增加，地表径流的产生量也逐渐增大。对于以检查井为节点的划分方式，该汇水区的径流量均无限制地由检查井进入到雨水管网系统。对于以雨水口为节点的划分方式，当降雨量较小时，汇水区的径流量达不到雨水口的最大泄水能力，雨水口与检查井都能顺利排放至下游管段，所以两者的峰值流量偏差百分比较小；而当降雨量较大时，汇水区的地表径流量超过了雨水口的最大泄水能力，形成地表积水。此时再多的径流量也只能以雨水口的最大泄水能力进入到雨水管网中，导致以雨水口为节点的划分方式的峰值流量比以检查井为节点的划分方式的峰值流量要低，因此两者的峰值流量偏差百分比较大。

3. 不同划分方式对径流总量的影响

不同划分方式下出口的径流总量变化趋势与降雨量呈负相关关系。采用不同降雨等级的降雨进行模拟时，两种方案的径流总量差异较小（图5-31）。

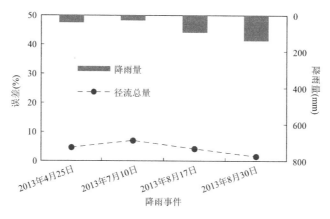

图5-31　两种方案下径流总量的差异

对于径流总量，两个方案模拟结果的差异变化较小，为1.6%～6.9%。其中2013年8月30日降雨的径流总量偏差百分比最小，2013年7月10日降雨的径流总量偏差百分比较大。由图5-31可知，出口处模拟结果的径流总量偏差百分比随降雨量的增加，呈现出逐渐降低的变化趋势。由于本研究采用的下垫面组成和产汇流模型的选择均是相同的，故两种汇水区划分方式对出口处径流总量的影响不大。而差异产生的原因可能是下垫面相同的均一化造成的，产汇流过程受下垫面组成影响，而雨水口划分方式的子汇水区个数多于检查井，尽管每个下垫面的组成相同，但是总的汇水区下垫面组成受到均一化的影响会产生略微的变化，因此出口处模拟的径流总量会有些许变化。

5.3.5.3　降雨数据

Osborn在汇水面积为160hm²的研究区对不同雨型进行了模拟，结果表明降雨的空间差异性（降雨量、降雨强度、降雨历时）对模拟结果的预测会产生重大影响。由于光明新区降雨量充沛，故在研究区内放置了两个雨量计，两个雨量计之间的距离为2km。经过长时间的监测，发现研究区内存在明显的降雨空间分布不均（表5-22）。

降雨事件的特征参数　　　　　　表5-22

降雨事件	2013年4月17日		2013年4月25日		2013年7月24日	
地点	新城公园	育新学校	新城公园	育新学校	新城公园	育新学校
降雨量（mm）	8.6	16.8	40.9	47.0	15.0	18.0

续表

降雨事件	2013年4月17日		2013年4月25日		2013年7月24日	
降雨历时（min）	238	248	342	477	268	329
最大降雨强度（mm/min）	0.8	1.5	1.5	1.5	0.8	0.8
平均降雨强度（mm/min）	0.04	0.07	0.12	0.10	0.06	0.05

1. 方案设计

由于研究区内雨量计的个数较少，无法采用实测数据进行分析，故本研究引入误差模型，以此来进行降雨数据的不确定性分析。

方案1：无误差。降雨数据不做任何调整，其他参数均采用率定得到的参数。

方案2：随机误差。降雨事件的每个数据均采用式（5-35）进行调整，随机误差 α 的取值为区间 [-0.5, 0.5] 均匀分布的随机数，将得到后的数据作为新的降雨数据输入到模型中，其他参数同方案1。

降雨数据的误差模型可采用下式进行计算：

$$I_i^* = I_i(1+\alpha) \quad (5\text{-}35)$$

式中　I_i^*——引入随机误差后的降雨强度，mm/h；

I_i——测量的降雨强度，mm/h；

α——随机误差。

方案3：系统误差。降雨数据的系统误差可以表示为在原降雨量的基础上降低30%或者增加30%，调整后的数据作为新的降雨数据输入到模型中，其他参数同方案1。

2. 模拟结果

通过建立的新城公园排水模型分别对降雨数据的随机误差、系统误差进行模拟研究，并分析其对模拟结果产生的影响。

1）随机误差模拟结果

采用考虑随机误差的4场降雨进行降雨数据不确定性分析，以此来评价降雨过程中随机误差对模型模拟结果的影响程度。汇水区总出口模拟结果如图5-32～图5-35所示。

由图5-32～图5-35可知，汇水区总出口的流量随时间的变化规律都相同，均随着降雨强度的变化而变化。虽然方案2对降雨数据引入了随机误差，但是两个方案的参数设置和产、汇流模型的选择均相同，故汇水区出口的流量过程线变化趋势基本一致。

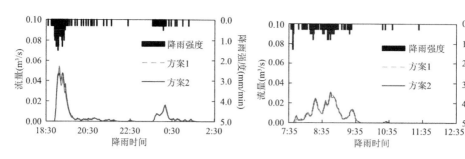

图 5-32　2013 年 4 月 25 日总出口模拟结果　　图 5-33　2013 年 7 月 10 日总出口模拟结果

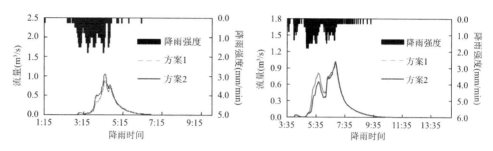

图 5-34　2013 年 8 月 17 日总出口模拟结果　　图 5-35　2013 年 8 月 30 日总出口模拟结果

尽管如此，考虑随机误差的方案 2 模拟结果与方案 1 相比仍有一些区别。对两种方案的模拟结果进行了统计（表 5-23），可以看出，最大峰值流量、径流总量和产流时间随着降雨等级的不同均发生不同程度的变化，而峰现时间没有发生变化。除了 2013 年 8 月 30 日的降雨之外，其他降雨事件的径流总量均高于方案 1 的径流总量；产流时间也呈现出这种规律，2013 年 8 月 30 日降雨事件的产流时间与方案 1 相比延迟了 3min，而其他降雨事件的产流时间与方案 1 相比提前了 1～4min；对于峰值流量，2013 年 4 月 25 日、2013 年 8 月 30 日两场降雨的最大峰值流量低于方案 1 的最大峰值流量，2013 年 7 月 10 日、2013 年 8 月 17 日两场降雨的最大峰值流量高于方案 1 的最大峰值流量。

随机误差模拟结果对比　　　　　　　　　　表 5-23

降雨事件	2013 年 4 月 25 日		2013 年 7 月 10 日		2013 年 8 月 17 日		2013 年 8 月 30 日	
方案	1	2	1	2	1	2	1	2
最大峰值流量（L/s）	54.17	47.51	30.23	31.10	891.24	1060.93	1023.21	1007.70
径流总量（m³）	120.44	127.39	80.35	83.54	2982.69	3471.58	6478.73	5767.03
产流时间	18:55	18:54	7:46	7:44	2:48	2:44	3:46	3:49
峰现时间	19:07	19:07	8:49	8:49	4:21	4:21	6:55	6:55

2）系统误差模拟结果

采用考虑系统误差的 4 场降雨进行降雨数据不确定性分析，以此来评价降雨过程中系统误差对模型模拟结果的影响程度。汇水区总出口模拟结果如图 5-36～图 5-39 所示。

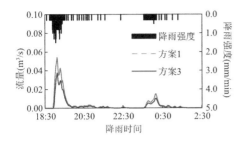
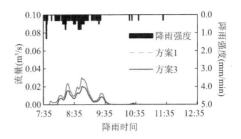

图 5-36 2013 年 4 月 25 日总出口模拟结果　　图 5-37 2013 年 7 月 10 日总出口模拟结果

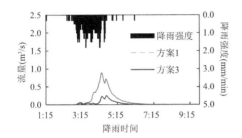
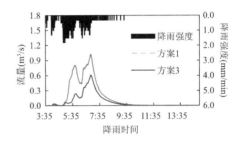

图 5-38 2013 年 8 月 17 日总出口模拟结果　　图 5-39 2013 年 8 月 30 日总出口模拟结果

由图 5-36～图 5-39 可知，汇水区总出口的流量随时间的变化规律都相同，均随着降雨强度的变化而变化。由于方案 3 考虑了系统误差，即降雨数据在方案 1 降雨量的基础上降低了 30%，再加上两个方案的参数设置和产、汇流模型的选择均相同，故汇水区出口的流量过程线变化趋势基本一致，但是峰值流量随降雨等级的不同均发生不同程度的变化。

对两种方案的模拟结果进行了统计（表 5-24）。与方案 1 相比，方案 3 在中雨、大雨的情况下，最大峰值流量和径流总量的削减量与降雨的削减量是一致的。而在暴雨、大暴雨的情况下，尽管降雨量是在方案 1 的基础上削减 30%，但是最大峰值流量和径流总量的削减量远远大于 30%。产流时间和峰现时间均有一定程度的推迟，这与降雨事件的降雨强度和降雨量有关。结果表明，降雨数据的系统误差对模拟结果的影响较明显。

系统误差模拟结果对比　　　　　　　　　　　　　表 5-24

降雨事件	2013 年 4 月 25 日		2013 年 7 月 10 日		2013 年 8 月 17 日		2013 年 8 月 30 日	
方案	1	3	1	3	1	3	1	3
最大峰值流量（L/s）	54.17	37.70	30.23	20.51	891.24	230.63	1023.21	611.12

续表

降雨事件	2013年4月25日		2013年7月10日		2013年8月17日		2013年8月30日	
径流总量(m³)	120.44	82.34	80.35	54.25	2982.69	804.63	6478.73	3058.57
产流时间	18:55	18:56	7:46	8:02	2:48	2:54	3:46	4:04
峰现时间	19:07	19:07	8:49	8:50	4:21	4:23	6:55	6:56

5.3.5.4 降雨数据的不确定性分析

1. 随机误差对模拟结果的影响

1）随机误差对产流时间和峰现时间的影响

对于产流时间，只有2012年8月30日降雨事件的产流时间有一定的推迟，其他降雨事件的产流时间均有所提前，而峰现时间没有发生变化。因为在相同的研究区，产流时间和峰现时间取决于降雨强度和降雨量。方案2的降雨事件是在方案1降雨数据的基础上引入随机误差产生的，由于各降雨事件的降雨强度变化不大，故峰值流量的产生时间不会发生变化。那么，产流时间就取决于产流之前的降雨量。在4场降雨中，只有2013年8月30日降雨事件产流之前的降雨量小于方案1，所以导致产流时间推迟。

2）随机误差对峰值流量的影响

采用降雨等级较高的降雨（如2013年4月25日、2013年8月17日）进行模拟时，与方案1相比方案2的峰值流量差异较大；而采用降雨等级低的降雨（2013年7月10日）进行模拟时，两者的峰值流量差异较小（图5-40）。

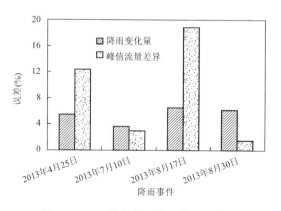

图5-40 两种方案下峰值流量的差异

降雨数据引入±50%的随机误差之后，方案2降雨事件的降雨变化量为3.6%~6.4%，而峰值流量的差异为1.5%~19%。由图5-40可知，对于小降雨事件，降雨变化量的程度决定着峰值流量的差异。对于暴雨或特大暴雨，峰值流量的差异是降雨变化量的 2～3 倍。而 2013 年 8 月 30 日降雨事件的峰值流量变异较小，这是由于引入的随机误差对其开始的降雨影响较大，而之后的降雨基本不受其影响，所以导致其最大峰值流量变异较小。同时也证明，降雨强度的变化程度对峰值流量的影响起决定性作用。

3）随机误差对径流总量的影响

出口的径流总量变化趋势与降雨量的变化量呈正相关关系。在中小降雨的条件下，降雨数据的随机误差对径流总量的影响较小，在暴雨降雨或特大暴雨的条件下，降雨数据的随机误差对径流总量的影响较大（图 5-41）。

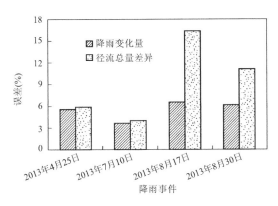

图 5-41 两种方案下径流总量的差异

降雨数据引入 ±50% 的随机误差之后，方案 2 降雨事件的降雨变化量为 3.6%～6.4%，而径流总量的差异为 4.0%～16.4%。由图 5-41 可知，出口处模拟结果的径流总量差异随降雨变化量的增加，呈现出逐渐增加的变化趋势。由于中小降雨的降雨量和降雨强度较小，引入的随机误差对降雨数据的影响较小，所以采用降雨等级低的降雨（如 2013 年 4 月 25 日、2013 年 7 月 10 日）进行模拟时，两者的径流总量差异较小。而暴雨或特大暴雨的降雨量和降雨强度较大，同时强降雨比较集中，引入的随机误差对其影响较大，所以采用降雨等级较高的降雨（如 2013 年 8 月 17 日、2013 年 8 月 30 日）进行模拟时，与方案 1 相比，方案 2 的峰值流量差异较大。

2. 系统误差对模拟结果的影响

1）系统误差对产流时间和峰现时间的影响

与方案 1 相比，降雨数据引入系统误差的方案 3 产流时间均有一定的推迟，而峰现时间基本没有变化。本研究的降雨数据是由每分钟记录的降雨量组成的，方案 3 的降雨数据是在方案 1 的基础上削减 30% 产生的。在相同的研究区，产流时间和峰值流量产生时间取决于降雨强度和降雨量。由于方案 3 中各降雨事件的降雨量均减少了 30%，故产流时间有所延缓。降雨强度也是在原来的基础上等比例降低，所以峰现时间基本上没有变化。

2）系统误差对峰值流量的影响

采用考虑系统误差的降雨事件模拟时，与方案1相比，方案3峰值流量的差异较明显，而且随着降雨等级的增加峰值流量的差异就越明显（图5-42）。

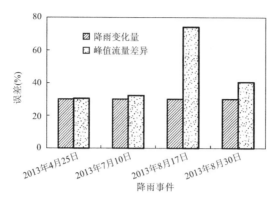

图5-42　两种方案下峰值流量的差异

降雨数据引入 -30% 的系统误差之后，方案3降雨事件的降雨变化量均为30%，而径流总量的差异为30.4%～74.1%。由图5-42可知，降雨的系统误差对峰值流量影响较大。对于中小降雨事件，降雨的系统误差与峰值流量的差异保持一致。对于暴雨或特大暴雨，峰值流量的差异是降雨系统误差的1～2倍。这是由于各降雨事件的降雨强度均等比例削减了30%，中小降雨事件的峰值流量受降雨的影响相对来说较小，故与系统误差保持一致；而暴雨或特大暴雨的峰值流量受降雨强度的影响较大，故峰值流量产生的差异大于降雨的系统误差。

3）系统误差对径流总量的影响

采用考虑系统误差的降雨事件模拟时，与方案1相比，方案3径流总量的差异较明显，而且随着降雨等级的增加径流总量的差异就越明显（图5-43）。

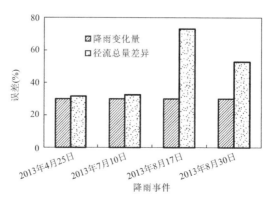

图5-43　两种方案下径流总量的差异

降雨数据引入 −30% 的系统误差之后，方案 3 降雨事件的降雨变化量均为 30%，而径流总量的差异为 31.6%～73.0%。由图 5-44 可知，降雨变化量对径流总量影响较大。对于中小降雨事件，径流总量的差异与降雨变化量保持一致。对于暴雨或特大暴雨，径流总量的差异是降雨变化量的 1～2 倍。这是由于各降雨事件的降雨量均等比例削减了 30%，降雨量的大小决定着该地区的径流量，故各降雨事件的径流总量受降雨变化量的影响较大。同时，研究区的径流总量也受降雨强度的影响。中小降雨事件的降雨强度对径流总量的影响较小，故径流总量的差异与降雨变化量保持一致；而暴雨或特大暴雨的径流总量受降雨强度的影响较大，故径流总量的差异大于降雨变化量。

5.3.6 模型参数的不确定性分析

5.3.6.1 GLUE 方法原理及应用

GLUE 方法是基于 Hornberger 和 Spear 提出的 RSA 方法发展起来的。GLUE 方法中最重要的观点是：导致模型模拟结果的好坏不是模型的单个参数，而是模型参数的组合。GLUE 方法的具体步骤如下：

1）选择一个具有代表性的模型，确定模型需要率定的参数。在本研究中，选用英国 Wallingford 公司研发的 InfoWorks ICM 综合流域模型。

2）确定参数的先验分布和取值范围。参数的先验分布要确保具有充分的宽度，使模型的模拟结果能够覆盖观测范围，由于对现实世界了解的局限性，往往无法事先确定参数的先验分布。故在参数的不确定性分析中，通常采用均匀分布来描述参数的先验分布。根据参数本身的物理特性以及建模者对研究区的了解，确定模型参数的取值范围。

3）选择似然目标函数和设定阈值。在模型不确定性分析的过程中，目标函数用于评价模型参数的可接受程度。Nash-Sutcliffe 效率系数是 GLUE 方法中常用的似然目标函数，并且根据文献资料将阈值设定为 0.7。

4）在参数的取值范围内，对参数进行随机抽样，然后进行模型模拟并根据设定的似然函数进行计算。若模拟结果大于设定的阈值，则认为该组参数为"行为参数"，将大于该值的模拟结果保留以便进行下一步的分析；若模拟结果小于设定的阈值，则认为该组参数为"非行为参数"，将小于该值的结果舍弃。

5）通过步骤 4）得到符合要求的参数组和模拟结果，采用统计功能计算其概率密度和累积概率密度，分析模型参数的不确定性。

6）确定模型预测结果的上、下限，计算参数的不确定区间。根据设定的阈值，将似然值从大到小依次排序，估算出一定置信水平下的模型不确定性。

$$P(\hat{Z}_t < z) = \sum_{i=1}^{B} L\left[M(\theta_i | Z_{t,i} < z)\right] \qquad (5-36)$$

式中 $\hat{Z}_{t,i}$ ——变量 Z 在时间 t 时由模型 $M(\theta_i)$ 得到的模拟值；

B ——最后样本的个数；

θ_i ——第 i 个行为参数；

$P(\hat{Z}_t < z)$ ——预测分位数。

本研究中采用累积似然分布的 5% 和 95% 分别作为预测不确定性的上、下限。GLUE 算法工作流程图如图 5-44 所示。

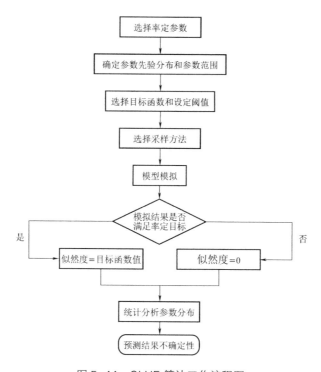

图 5-44 GLUE 算法工作流程图

选取 InfoWorks ICM 模型 9 个参数进行水文模拟的不确定性分析，通过 InfoWorks ICM 帮助文档、相关文献资料调研以及现场调查等确定各参数的取值范围，具体参数见表 5-25。

InfoWorks ICM 模型水文水力模块主要参数及取值范围　　表 5-25

类别	参数	物理意义	单位	参数取值范围
曼宁糙率参数	N-Conduit	管道曼宁糙率	—	0.011～0.015
	N-Impervious	集水区不透水区曼宁糙率	—	0.011～0.033
	N-Pervious	集水区透水区曼宁糙率	—	0.1～0.8

续表

类别	参数	物理意义	单位	参数取值范围
洼地蓄水量参数	D-Impervious	集水区不透水区洼地蓄水量	mm	0.2～10
	D-Pervious	集水区透水区洼地蓄水量	mm	2～12
径流系数	C-Runoff	不透水区的固定径流系数		0.70～0.90
渗透参数	Max Infiltration Rate	绿地最大入渗率	mm/h	70～200
	Min Infiltration Rate	绿地最小入渗率	mm/h	2～30
	Decay Constant	衰减系数	h^{-1}	2～7

5.3.6.2 "异参同效"现象

为了验证 InfoWorks ICM 模型参数的不确定性，本研究采用拉丁超立方采样法对模型参数进行随机抽样，并分别计算各参数组合的目标函数。每一组参数都会产生一个目标函数值，并且每个参数都与目标函数值有关联。各参数及其对应的目标函数值如图 5-45 所示。

由图 5-45 可知，每个参数在各组中的取值不同，有的甚至相差较大，但是大部分相应的目标函数值 E_{NS} 都能达到 0.7 以上。其中，一些参数（如 Max Infiltration Rate、Min Infiltration Rate）在各组取值中的差异较大，而其他参数（如 N-Conduit、N-Impervious）的取值变化很小，这说明水文模型中各个参数的不确定性程度存在差异。大量的模拟结果，出现多组参数的模拟结果均能达到相同的模拟效果（表 5-26）。由此可知，对 InfoWorks ICM 模型而言同样也存在异参同效现象，而参数率定中的异参同效现象则表明了优化方法的局限性。片面追求参数最优化而忽视其不确定性还会导致过度匹配，使优化结果远离真实值。与此同时，也验证了 GLUE 方法的重要观点，不存在唯一的最优参数，而是多组参数组合。因此，采用传统方法率定得出的模型最优参数存在很大的不确定性，以该参数进行模型模拟输出的结果同样也存在很大的不确定性。

"异参同效"现象参数组　　　　表 5-26

参数	A	B	C	D	E	F	G
N-Conduit	0.0115	0.0120	0.0131	0.0139	0.0132	0.0136	0.0120
N-Impervious	0.020	0.030	0.013	0.023	0.020	0.027	0.021
N-Pervious	0.301	0.432	0.490	0.119	0.732	0.789	0.435
D-Impervious	0.946	5.112	5.608	4.614	4.884	4.893	5.624
D-Pervious	6.049	9.219	11.686	11.222	4.932	9.228	10.777

续表

参数	A	B	C	D	E	F	G
C-Runoff	0.759	0.835	0.826	0.860	0.870	0.842	0.888
Max Infiltration Rate	182.23	127.61	91.10	131.33	136.57	134.52	179.43
Min Infiltration Rate	12.60	16.87	26.45	15.44	11.96	18.81	14.40
Decay Constant	2.56	2.77	2.84	6.37	4.69	2.03	5.90
E_{NS}	0.945	0.945	0.945	0.945	0.945	0.945	0.945

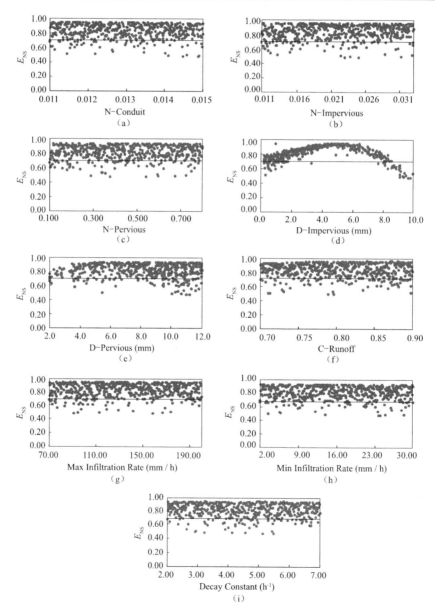

图 5-45 InfoWorks ICM 参数分布散点图

5.3.6.3 参数敏感性分析

通过对筛选出的可接受参数进行统计分析，得到如图 5-47 所示的参数概率密度分布图。由图 5-46 可知，不透水区洼地蓄水量的概率密度分布呈现类正态分布，高概率密度分布在 2.65 附近，较大和较小的参数概率密度很小；透水区洼地蓄水量概率密度分布大致呈现出梯形分布，参数可识别性较高。而其他参数均呈现均匀分布，参数可识别性较弱。

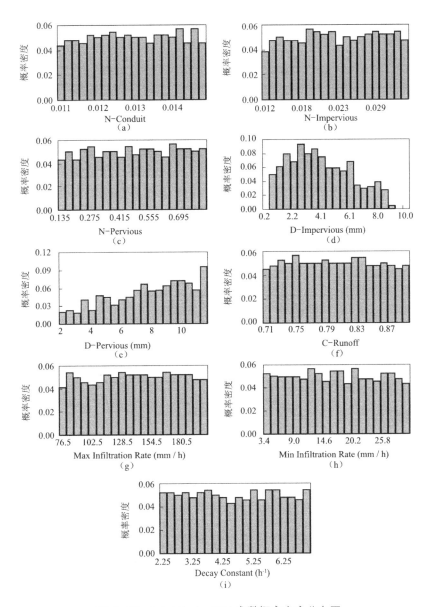

图 5-46 Info Works ICM 参数概率密度分布图

由图 5-47 的参数累积概率密度分布图可知，不透水区洼地蓄水量和透水区洼地蓄积量的后验分布与先验分布相比变化较大，参数的敏感性较强；而其他参数的概率密度曲线与先验分布曲线基本重合，参数的敏感性较弱，说明参数的强敏感性往往对应着参数后验概率密度分布存在明显的变化。相反，参数的弱敏感性使得后验概率分布较为平坦，即参数的辨识性不强，从而导致参数选取的不确定性大大增强。

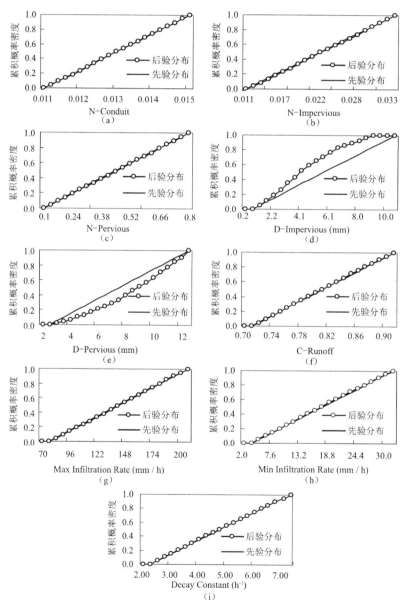

图 5-47　Info Works ICM 参数累积概率密度分布图

赵冬泉等人选用 SWMM 模型对澳门某小区进行了水文模拟的不确定性分析，结果表明，不透水区洼地蓄水量是影响模型输出的灵敏参数，与本研究的结论基本一致。不同之处就是透水区洼地蓄水量在本研究中也是敏感性较强的参数，这可能与降雨强度有关。黄金良等人研究过不同降雨强度对 SWMM 模型参数的局部灵敏度分析，结果表明，不同降雨强度下，SWMM 模型水文水力模块的参数灵敏度有所差异，尤其是与下渗相关的参数。由于本研究采用的降雨较小，所以洼地蓄水量对模拟结果的影响比强降雨事件大。

5.3.6.4 参数不确定性分析

本节采用 GLUE 方法用于 InfoWorks ICM 模型参数的不确定性分析，似然函数选择 Nash-Sutcliffe 效率系数，似然函数临界值取 0.7，参数先验分布假定为均匀分布，在参数取值范围内共取样 500 次，经计算参数在 90% 置信度下的置信区间见表 5-27。

InfoWorks ICM 模型参数的置信区间　　　　表 5-27

参数	置信下限	置信上限
N-Conduit	0.0129	0.0131
N-Impervious	0.0216	0.0228
N-Pervious	0.4376	0.4753
D-Impervious	2.60	4.00
D-Pervious	7.46	8.30
C-Runoff	0.744	0.805
Max Infiltration Rate	132.49	139.42
Min Infiltration Rate	15.09	16.60
Decay Constant	4.35	4.62

通过设定的似然函数值，将筛选出的有效参数组对 2013 年 5 月 19 日和 2013 年 9 月 14 日的降雨事件进行模型模拟计算，得到了两场降雨事件在 90% 置信水平下流量的不确定性范围，如图 5-48 和图 5-49 所示。

图 5-48 和图 5-49 分别给出了新城公园在模型率定期和验证期的实测流量过程和 90% 置信水平下的不确定性区间。可知，在模型率定期，2013 年 5 月 19 日降雨的实测峰值流量为 $0.0895m^3/s$，而不确定性区间峰值流量的上限为 $0.0854m^3/s$，实测峰值流量并没有包含在模拟结果的不确定性区间内。但在模型验证期，2013 年 9 月 14 日降雨的最大实测峰值流量为 $0.0108\ m^3/s$，不确定区间峰值流量的上限为 $0.0114m^3/s$，实测峰值流量能够完全包含在模拟结果的不确定性区间内。结果表明，大部分实测流量落在模型率定期和验证期的不确定性区间之内，只有少数的

实测流量位于区间之外。导致这种现象发生的原因可能为：①模型结构或实测流量存在误差。Harmel 等人研究发现，采用流速－面积测量法测定的流量数据存在 2%～20% 的误差。②参数先验分布。由于缺乏对参数先验分布的认知，故本研究均选用均匀分布来代替参数的先验分布，而研究的参数中并非都适合用均匀分布来表示，所以会影响模型的模拟结果。③采样次数。GLUE 方法需要随机抽取大量的参数组合来推求参数的后验分布，往往需要几万或几十万次。只有抽取的参数样本个数足够多时，才能确保样本总体的统计特征非常接近于参数空间的统计特征。当样本数量不足够多时，通过 GLUE 方法对参数获得的认识会比较粗糙。

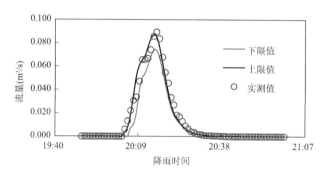

图 5-48　90% 置信度下 2013 年 5 月 19 日降雨的不确定性范围

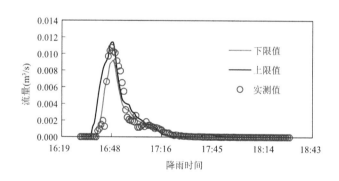

图 5-49　90% 置信度下 2013 年 9 月 14 日降雨的不确定性范围

综上所述，不确定性范围随着流量的变化而发生改变，在高流量区模拟结果的不确定性较大，而在低流量区模拟结果的不确定性较小。因此，峰值流量在模拟过程中具有较大不确定性，这与李胜等人的研究结果基本一致。同时也证明，GLUE 方法可以较好地推断 InfoWorks ICM 模型参数的不确定性。

5.3.7　模型结构的不确定性分析

5.3.7.1　产流模型模拟结果

将率定的参数输入到 InfoWorks ICM 和 SWMM 模型中，采用新城公园 2013

年实地监测的降雨数据进行模型结构的不确定性分析,以此来评价选择不同产流模型对模型输出结果的影响程度。汇水区总出口模拟结果如图5-50~图5-53所示。

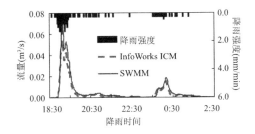
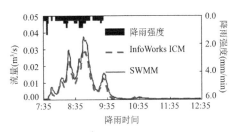

图5-50　2013年4月25日总出口模拟结果　　图5-51　2013年7月10日总出口模拟结果

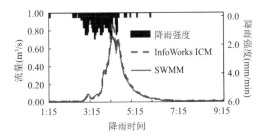
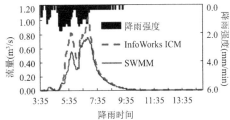

图5-52　2013年8月17日总出口模拟结果　　图5-53　2013年8月30日总出口模拟结果

由图5-50~图5-53可知,尽管选择的产流模型不同,但是出口流量过程线的变化趋势是一致的,均随着降雨强度的变化而变化。原因是两个模型的地表径流在输水系统中的汇流方式都选用动态波,该方法通过求解完整的圣维南方程组来进行汇流演算,再加上采用的降雨时间也是相同的。因此,汇水区出口的流量过程线变化趋势是一致的。

在中雨、大雨的情况下,尽管两种产流模型的出口流量过程线变化规律相同,但是SWMM模型的峰值流量要明显高于InfoWorks ICM模型。在暴雨、大暴雨的情况下,SWMM模型的峰值流量是低于InfoWorks ICM模型的。结果表明,产流模型不同,其模拟结果也会有所差异,即验证了模型存在结构的不确定性。

由表5-28可知,峰值流量和径流总量随着降雨等级的不同均发生不同程度的变化,产流时间的差异性较明显,而峰现时间的差异性不明显。在2013年4月25日、2013年7月10日两场降雨事件中,SWMM模型的峰值流量和径流总量明显高于InfoWorks ICM模型,峰现时间均推迟了1min;在2013年8月17日、2013年8月30日两场降雨中,SWMM模型的峰值流量和径流总量明显低于InfoWorks ICM模型,峰现时间均提前了1~3min。对于产流时间,SWMM模型与InfoWorks ICM模型相比提前了7~31min。

不同产流模型模拟结果对比　　　　　　　表 5-28

降雨事件	2013 年 4 月 25 日		2013 年 7 月 10 日		2013 年 8 月 17 日		2013 年 8 月 30 日	
方案	InfoWorks ICM	SWMM	InfoWorks ICM	SWMM	InfoWorks ICM	SWMM	InfoWorks ICM	SWMM
最大峰值流量（L/s）	54.17	69.65	30.23	37.45	891.24	746.38	1023.21	746.47
径流总量（m^3）	120.44	155.00	80.35	103.60	2982.69	2771.70	6478.73	4948.09
产流时间	18:55	18:35	7:46	7:38	2:48	2:17	3:46	3:39
峰现时间	19:07	19:08	8:49	8:50	4:21	4:18	6:55	6:54

5.3.7.2　产流模型的不确定性分析

1. 不同产流模型对产流时间和峰现时间的影响

与 InfoWorks ICM 模型相比，SWMM 模型的产流时间均有一定程度的提前，而峰现时间随降雨等级的变化呈现出不同的规律。在降雨等级较低的降雨事件中，SWMM 模型的峰现时间与 InfoWorks ICM 模型相比有所延缓；在降雨等级较高的降雨事件中，SWMM 模型的峰现时间与 InfoWorks ICM 模型相比有所提前。其原因是 SWMM 模型不透水地表的产流分为有洼地地表产流和无洼地地表产流，其中无洼地地表在不考虑蒸发量的基础上降雨后立即产流。而 InfoWorks ICM 模型不透水地表是在降雨过程中扣除不透水地表洼蓄量后才开始产流，故 SWMM 模型的产流时间较早。

2. 不同产流模型对峰值流量和径流总量的影响

对于峰值流量，两个模型模拟结果的差异变化较大，为 16.2%～28.6%。其中 2013 年 8 月 17 日降雨的峰值流量差异最小，2013 年 4 月 25 日降雨的峰值流量差异最大（图 5-54）。

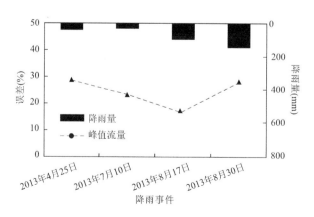

图 5-54　两种模型峰值流量的差异

对于径流总量，两个模型模拟结果的差异变化较大，为 7.1%～28.9%。其中 2013 年 8 月 17 日降雨的径流总量差异最小，2013 年 7 月 10 日降雨的峰值流量差异最大（图 5-55）。

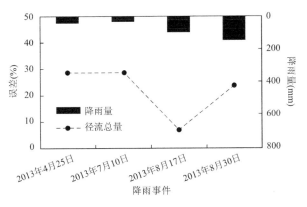

图 5-55 两种模型径流总量的差异

在模型输入数据相同和不考虑参数不确定性的情况下，采用不同产流模型进行模拟对模拟结果影响较大。这主要是由模型结构引起的，不同的模型之间考虑的水文机理不一样。InfoWorks ICM 模型不透水地表的产流模型是在扣除降雨初期洼蓄量的基础上，以降雨的一定比例作为进入管道系统的径流量。而 SWMM 模型将不透水地表分成了有洼地不透水地表和无洼地不透水地表，无洼地不透水地表（如道路、屋面等）的产流量就等于其降雨量，有洼地不透水地表的产流量是在降雨过程中扣除初损的净雨量。由此可知，不同模型之间存在着结构的不确定性。

5.3.7.3 汇流模型模拟结果

选用新城公园 2013 年实地监测的降雨数据进行模型结构的不确定性分析，以此来评价汇流模型的选择对模型输出结果的影响程度。汇水区总出口模拟结果如图 5-56～图 5-59 所示。

1）由图 5-56～图 5-59 可知，选择不同的汇流模型时，汇水区出口的流量过程线变化趋势一致，均随着降雨强度的变化而变化。这是因为模型的降雨数据和产流模型是相同的，而汇流模型决定的是径流的汇流速度，影响的是峰值流量，因此汇水区出口的流量过程线整体变化趋势是一致的。

2）在中雨、大雨的情况下，尽管两种汇流模型的出口流量过程线变化趋势一致，但是双线性水库的峰值流量要明显低于非线性水库。而在暴雨、大暴雨的情况下，两者出口流量过程线变化趋势基本是一致的。结果表明，在中小降雨的条件下，不同的汇流模型对模拟结果的影响较大；在暴雨或特大暴雨这种极端天气条件下，不同的汇流模型对模拟结果的影响较小。

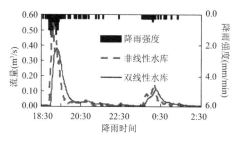
图 5-56　2013 年 4 月 25 日总出口模拟结果

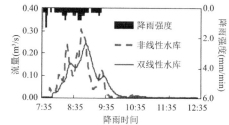
图 5-57　2013 年 7 月 10 日总出口模拟结果

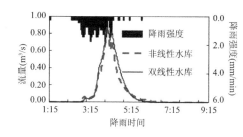
图 5-58　2013 年 8 月 17 日总出口模拟结果

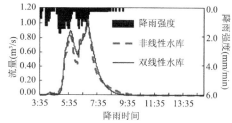
图 5-59　2013 年 8 月 30 日总出口模拟结果

3）峰值流量和峰现时间随着降雨等级的不同均发生不同程度的变化，产流时间差异性较明显，而径流总量的差异性不明显。2013 年 4 月 25 日、2013 年 7 月 10 日两场降雨双线性水库的峰值流量明显低于非线性水库，峰现时间也推迟了 9～12min；而 2013 年 8 月 17 日、2013 年 8 月 30 日两场降雨双线性水库的峰值流量与非线型水库的峰值流量相比差异性不明显，峰现时间基本也变化不大（表 5-29）。

不同汇流模型模拟结果对比　　　　表 5-29

降雨事件	2013 年 4 月 25 日		2013 年 7 月 10 日		2013 年 8 月 17 日		2013 年 8 月 30 日	
方案	非线性水库	双线性水库	非线性水库	双线性水库	非线性水库	双线性水库	非线性水库	双线性水库
最大峰值流量（L/s）	54.17	37.71	30.23	23.78	891.24	870.37	1023.21	967.79
径流总量（m^3）	120.44	120.43	80.35	80.34	2982.69	2980.42	6478.73	6474.77
产流时间	18:55	18:59	7:46	7:54	2:48	2:53	3:46	3:53
峰现时间	19:07	19:19	8:49	8:58	4:21	4:22	6:55	6:55

5.3.7.4　汇流模型的不确定性分析

1. 不同汇流模型对产流时间和峰现时间的影响

与非线性水库相比，双线性水库的产流时间均有一定程度的推迟。而峰现时间随着降雨等级的变化呈现出不同的规律。在降雨等级较低的降雨事件中，双线性水库的峰现时间与非线性水库相比有所延缓；在降雨等级较高的降雨事件中，双线性水库的峰现时间与非线性水库相比变化不大。这是由于双线性水库是采用两个概念线型水库来表示地面和排水管道具有的存储能力，而非线性水库一般概化为矩形区域。与非线性水库相比，双线性水库延长了径流路径，因此导致产流时间和峰现时间的推迟。然而，峰现时间取决于降雨强度和降雨量，所以随着降雨等级的升高峰现时间之间的差异性逐渐降低。

2. 不同汇流模型对峰值流量和径流总量的影响

不同汇流模型出口的峰值流量变化趋势与降雨量呈负相关关系。采用降雨等级较高的降雨（如2013年8月17日、2013年8月30日）进行模拟时，与非线性水库相比双线性水库的峰值流量差异较小；而采用降雨等级较低的降雨（如2013年4月25日、2013年7月10日）进行模拟时，两者的峰值流量差异较大（图5-60）。

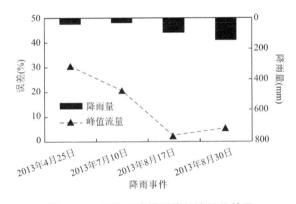

图 5-60　两种汇流模型峰值流量的差异

对于峰值流量，两个方案模拟结果的差异变化较大，为2.3%～30.4%。其中2013年8月17日降雨的峰值流量差异最小，2013年4月25日降雨的峰值流量差异较大。由图5-60可知，在中小降雨条件下，双线性水库的出口处峰值流量差异较大；而在暴雨或特大暴雨的条件下，双线性水库的出口处峰值流量差异较小。这是因为双线性水库的汇流过程取决于降雨强度、贡献面积和坡度，而非线性水库的汇流过程取决于子集水区宽度和地面曼宁粗糙系数。对于径流总量，尽管汇流模型的选择不同，但它们的产流模型是一致的。产流模型决定着研究区的径流量，所以两者的径流总量差异较小。

5.3.8　模型不确定性的综合评价分析

本研究采用熵值法进行模型不确定性的综合评价。熵值法计算步骤分为原始数据标准化、坐标平移、建立标准值矩阵、计算指标信息熵、计算各指标之间的差异系数、推算各指标权重6个步骤。

1）原始数据标准化

由于原始数据往往具有不同的量纲和数量级大小，这种情况会影响数据分析的结果，为了排除数据之间的量纲问题，在数据分析之前，需要进行数据标准化处理，以解决数据指标之间的可比性。数据标准化的方法有很多种，如离差标准化、Min-max 标准化（最小 - 最大标准化）、Z-score 标准化（标准差标准化法）和按小数定标标准化等。原始数据经过数据标准化处理后，各指标值都处于同一个数量级，可以进行综合对比评价。

在本节中采用 Z-score 法对原数据进行标准化处理，Z-score 法是将原始数据的均值和标准差进行数据的标准化。其公式为：

$$x_{ij} = \frac{X_{ij} - \overline{X_i}}{S_i} \tag{5-37}$$

式中　x_{ij}——标准化后的数据；

　　　X_{ij}——原始数据；

　　　$\overline{X_i}$——第 i 个指标的平均数据；

　　　S_i——第 i 个指标的标准差。

2）坐标平移

为了消除标准化后的指标值负值影响，进行坐标平移，其公式为：

$$x_{ij}' = x_{ij} + A \tag{5-38}$$

式中　x_{ij}'——标准数据评语后的值，$x_{ij}' > 0$；

　　　A——平移幅度，$A > \min(x_{ij})$，A 取值越接近 $\min(x_{ij})$，其评价结果越显著。

3）建立标准值矩阵

经过对原始数据的标准化，假设第 i 个指标下第 j 项被评价对象标准化后表示为 x_{ij}，由于各指标的量纲、数量级以及指标优劣的取向均有很大差异，故需要对已无量纲化的数据再次进行标准化处理：

$$P_{ij} = \frac{x_{ij}'}{\sum_{j=1}^{n} x_{ij}'} \tag{5-39}$$

式中　P_{ij}——指标 x_{ij} 第 i 个指标下第 j 项被评价对象标准值，（$i=1,2,\cdots,m$；$j=1,2,\cdots,n$）由此得到一个新矩阵 $P=(P_{ij})m \times n$。

4）计算指标信息熵

在有 m 个指标，n 个被评价对象的评估问题中，第 i 个指标的熵定义为：

$$e_i = -k\sum_{j=1}^{n} P_{ij}\ln P_j \qquad (5-40)$$

式中 e_i——指标熵值；

k——为大于 0 的正数，$k=1/\ln n$，确保 $0 \leqslant e_i \leqslant 1$。

5）计算各指标之间的差异系数

熵值越小，指标间差异系数越大，指标就越重要。其公式为：

$$g_i = 1 - e_i \qquad (5-41)$$

式中 g_i——差异系数。

6）推算各指标权重

其本质是利用该指标信息的差异系数来计算，其差异系数越高，被评价对象的重要性就越大，对综合评价的结果作用就越大。其公式为：

$$w_i = \frac{g_i}{\sum_{i=1}^{m} g_i} \qquad (5-42)$$

式中 w_i——指标权重值。

将模型输入、参数以及结构模拟的结果按照上述方法计算可得到各项指标的权重，具体结果见表 5-30。

不确定性各指标的权重赋值　　　　表 5-30

系统	一级指标	二级指标	权重
模型不确定性	模型输入（0.504）	汇水区划分方式	0.194
		降雨随机误差	0.132
		降雨系统误差	0.178
	模型参数（0.177）	—	0.177
	模型结构（0.319）	汇流模型	0.132
		产流模型	0.187

在模型输入的不确定性方面，降雨数据系统误差的不确定性要大于降雨数据随机误差的不确定性；降雨数据整体的不确定性要远远大于模型划分方式的不确定性。在模型结构的不确定性方面，不同产流模型模拟的不确定性大于不同汇流模型模拟的不确定性。对于模型总体的不确定性排列顺序来说，模型输入的不确定性最大，其次是模型结构的不确定性，最后是模型参数的不确定性。

在本研究中模型输入数据的不确定性最大，其中最主要的不确定性来源为降雨数据，而降雨数据中最主要的不确定性来源为降雨数据的系统误差。这与 Kleidorfer 等人的研究结果相同。Kleidorfer 等人采用贝叶斯方法定量评价模型输入数据的不确定性，主要根据降雨数据系统误差和随机误差的模拟结果进行不确定性的比较。结果表明降雨数据的系统误差对模型的模拟结果影响较大，即造成模拟结果的不确定性较大。Haydon 和 Deletic 分析了耦合水文模型的大肠杆菌概念模型中输入数据对大肠杆菌浓度模拟的不确定性，结果表明降雨数据的系统误差对大肠杆菌的污染负荷影响很大，这是由于误差通过模型传播被放大了若干倍而造成了模拟结果不确定性的增加。Kuczera 等人分别对降雨径流概念模型的结构和模型输入进行了不确定性的研究，结果表明模型输入的不确定性在总体不确定性中占主导地位。除此之外，沈珍瑶等人采用插值法分析了降雨的时空分布性对 SWAT 模型模拟结果的影响，结果表明插值法能够很好地表征降雨时空分布，并且降雨的时空分布会导致模型模拟结果产生较大的不确定性。

随着人们对城市雨洪模型认识的加深，其结构的复杂性也逐渐增加。复杂的模型结构在有利于对城市降雨径流及管网排水过程描述更加完善的同时，也使模型的参数数量显著增加，增加了模型模拟结果的不确定性。Butts 等人采用多模型模拟来评价分布式水文模型结构的不确定性，结果表明不同模拟结果之间的差异较大，而且模型结构直接影响模拟结果的好坏。不同模型之间模拟结果的不确定性较大，主要归因于不同模型之间的结构复杂程度各有不同，模型对产、汇流机理的描述具有一定的差异性，同时表征产、汇流过程的参数也有所不同。因此，当评价模型不确定性时应考虑模型结构的影响。

基于本研究的结论，在应用城市雨洪模型对研究区域进行模拟时，需要注意模型输入和模型结构对模拟结果的影响。对于模型输入方面，应综合考虑基础数据的准确性、可获得性、数据精度以及研究目标，尽量降低基础资料的不确定性，为模型模拟提供更为可信的数据。对于模型参数方面，可针对研究目的进行相应参数的实地监测或测量以确保其合理性，使其参数更适合该地区的研究。在模拟时也应考虑"异参同效"现象，分析参数的不确定性。对于模型结构方面，需要根据研究内容选择能够描述其水文过程的城市雨洪模型。在充分了解模型的模拟原理的基础上，认识模型结构的不确定性，从而为模型应用提供科学依据。

参考文献

[1] Coffman L S. Low Impact Development: Smart technology for clean water-definitions, Issues, Roadblocks, and Next Steps[C]// American Society of Civil Engineers.Global Solutions for Urban Drainage.Portland, Oregon:[s.n.],2002: 1-11.

[2] 王建龙, 车伍, 易红星. 基于低影响开发的雨水管理模型研究及进展[J]. 中国给水排水, 2010, 26(18): 50-54.

[3] 杨正, 李俊奇, 王文亮, 等. 对低影响开发与海绵城市的再认识[J]. 环境工程, 2020, 38(4): 10-15,41.

[4] 韩朦紫. 海绵城市雨水低影响开发非工程措施研究[D]. 北京: 北京建筑大学, 2019.

[5] 刘金平, 杜晓鹤, 薛燕. 城市化与城市防洪理念的发展[J]. 中国水利, 2009(13): 15-18.

[6] 程琼, 方增强. 受城市化影响地区的设计洪水计算[J]. 水文水资源, 2001, 22(2): 26-27.

[7] 赵彩萍, 荆肖军, 李艳红, 等. 城市暴雨内涝预报研究[J]. 科技情报开发与经济, 2008(29): 114-116.

[8] 岑国平, 詹道江. 城市雨水管道计算模型[J]. 中国给水排水, 1993, 9(1): 37-40.

[9] 刘俊. 城市雨洪模型研究[J]. 河海大学学报, 1997, 25(6): 20-24.

[10] 周玉文, 赵洪宾. 城市雨水径流模型研究[J]. 中国给水排水, 1997, 13(4): 4-6.

[11] 仇劲卫, 李娜, 程晓陶, 等. 天津市城区暴雨沥涝仿真模拟系统[J]. 水利学报, 2000, 31(11): 34-42.

[12] 周玉文, 戴书健. 城市排水系统非恒定流模拟模型研究[J]. 北京工业大学学报, 2001, 27(1): 84-86.

[13] 刘昌明, 王中根, 杨胜天, 等. 地表物质能量交换过程中的水循环综合模拟系统(HIMS)研究进展[J]. 地理学报, 2014, 69(5): 579-587.

[14] 陈小龙, 赵思东, 赵冬泉, 等. 城市排水管网模拟系统介绍[J]. 中国给水排水, 2015, 31(1): 104-108.

[15] Villarreal E L, Semadeni-Davies A, Bengtsson L. Inner city stormwater control using a combination of best management practices-ScienceDirect[J]. Ecological Engineering, 2004, 22(4): 279-298.

[16] 孙艳伟. 城市化和低影响发展的生态水文效应研究[D]. 咸阳: 西北农林科技大学, 2011.

[17] 付新忠. SWMM在城市雨洪模拟中的应用研究[D]. 金华: 浙江师范大学, 2012.

[18] Chang C L, Lo S L, Huang S M. Optimal strategies for best management practice placement in a synthetic watershed[J]. Environmental Monitoring and Assessment, 2009, 153(1-4): 359-364.

[19] Brath A, Montanari A, Moretti G. Assessing the effect on flood frequency of land use change via hydrological simulation (with uncertainty)[J]. Journal of Hydrology, 2006,

324(1-4): 141-153.

[20] Boughton W, Droop O. Continuous simulation for design flood estimation-a review[J]. Environmental Modelling and Software, 2003, 18(4): 309-318.

[21] Lee R K. Interpreting storm flow data to determine type of infiltration and inflow[J]. Proceedings of the Water Environment Federation, 2007,(4): 293-304.

[22] Ostroff G. M. A micro & macro-model approach to evaluating greenroofs as a CSO control in New York City[C]//American Society of Civil Engineers.World Water and Environmental Resources Congress.Anchorage, Alaska, United States:[s.n.],2005: 1-6.

[23] Alfredo K, Montalto F, Goldstein A. Observed and modeled performances of prototype green roof test plots subjected to simulated low and high-intensity precipitations in a laboratory experiment[J]. Journal of Hydrologic Engineering, 2010, 15(6): 444-457.

[24] Barco J, Wong K M, Stenstrom M K. Automatic calibration of the US EPA SWMM model for a large urban catchment[J]. Journal of Hydraulic Engineering, 2008, 134(4): 466-474.

[25] 侯爱中，唐莉华，张思聪. 下凹式绿地和蓄水池对城市型洪水的影响 [J]. 北京水务，2007(2): 42-45.

[26] 晋存田，赵树旗，闫肖丽，等. 透水砖和下凹式绿地对城市雨洪的影响 [J]. 中国给水排水，2010, 26(1): 40-42.

[27] 李岚，邢国平，赵普. 城市小区雨水利用的模拟分析 [J]. 四川环境，2011, 30(4):56-59.

[28] 王雯雯，赵智杰，秦华鹏. 基于 SWMM 的低冲击开发模式水文效应模拟评估 [J]. 北京大学学报，2012, 48(2): 303-309.

[29] 王文亮，李俊奇，宫永伟. 基于 SWMM 模型的低影响开发雨洪控制效果模拟 [J]. 中国给水排水，2012, 28(21): 42-44.

[30] Yu S. L., Zhen X. Y. Development of a Best Management Practice (BMP) placement strategy at the watershed scale[C]// American Society of Civil Engineers.International Conference on Watershed Management.Reno, Nevada, United States:[s.n.],2001: 1-11.

[31] Zhen J, Shoemaker L, Riverson J, et al. BMP Analysis system for watershed-based stormwater management [J]. Environmental Science and Health, 2006, 41: 1391-1403.

[32] Zhen J., Cheng M S., Riverson J. et al. Comparison of BMP infiltration simulation methods[C]// American Society of Civil Engineers.Low Impact Development International Conference.San Francisco, California, United States:[s.n.],2010: 398-404.

[33] Pomeroy C A, Postel N A, O'Neill P A, et al. Development of stormwater management design criteria to maintain geomorphic stability in Kansas city metropolitan area streams[J]. Journal of Irrigation and Drainage Engineering, 2008, 134(5): 562-566.

[34] 王哲，刘凌，宋兰兰. Mike21 在人工湖生态设计中的应用 [J]. 水电能源科学，2008, 26(5): 124-127.

[35] 唐颖. SUSTAIN 支持下的城市降雨径流最佳管理 BMP 规划研究应用 [D]. 北京：清华大学，2010.

[36] 宫永伟，刘超，李俊奇，等. 海绵城市建设主要目标的验收考核办法探讨 [J]. 中国给水排水，2015, 31(21): 114-117.

[37] 杨冬冬，韩轶群，曹磊，等. 基于产汇流模拟分析的城市居住小区道路系统布局优化策略研究 [J]. 风景园林，2019,26(10): 101-106.

[38] 宋新伟，高玉兰，沈冬梅，等. SWMM 子汇水区产汇流水文概念模型及参数赋值研究 [J]. 吉林化工学院学报，2019, 36(7): 61-66,85.

[39] 李阳, 何俊仕. 基于 SWMM 模型的不透水率与产汇流关系研究 [J]. 水电能源科学, 2017, 35(2): 34-37.

[40] Zhang N, Luo Y J, Chen X Y, et al. Understanding the effects of composition and configuration of land covers on surface runoff in a highly urbanized area [J]. Ecological Engineering, 2018, 125: 11-25.

[41] 姚允龙, 吕宪国, 王蕾. 流域分布式水文模型 SWAT 空间输入数据的不确定性研究 [J]. 农业系统科学与综合研究, 2009, 25(4): 470-475.

[42] Cho S M, Lee M W. Sensitivity consideration when modeling hydrologic processes with digital elevation model[J]. Journal of the American Water Resources Association, 2001, 37(4): 931-956.

[43] 吴军, 张万昌. DEM 分辨率对 AVSWAT2000 径流模拟的敏感性分析 [J]. 遥感信息, 2007(3): 8-13.

[44] 胡连伍, 王学军, 罗定贵, 等. 不同子流域划分对流域径流、泥沙、营养物模拟的影响——丰乐河流域个例研究 [J]. 水科学进展, 2007(2): 235-240.

[45] Cotter A S, Chaubey I, Costello T A, et al. Water quality model output uncertainty as affected by spstial resolution of input data[J]. Journal of the American Water Resources Association, 2003, 39(4): 977-986.

[46] Vicente L L. On the effect of uncertainty in spatial distribution of rain-fall on catchment modeling[J]. Catena, 1996, 28(1-2): 107-119.

[47] Chaubey I, Haan C T, Grunwald S, et al. Uncertainty in the model parameters due to spatial variability of rainfall[J]. Journal of Hydrology, 1999, 220(1-2): 48-61.

[48] 冯娇娇, 何斌, 王国利, 等. 基于 GLUE 方法的新安江模型参数不确定性研究 [J]. 水电能源科学, 2019, 37(1): 26-28,175.

[49] Beven K, Freer J. Equifinality, data assimilation and uncertainty estimation in mechanistic modeling of complex environmental systems using the GLUE methodology[J]. Journal of Hydrology, 2001, 249(1-4): 11-29.

[50] 解河海. TOPMODEL 的应用及参数不确定性研究 [D]. 南京：河海大学, 2006.

[51] 薛晨. 基于 SWAT 模型的产流产沙模拟与模型参数不确定性分析 [D]. 北京：华北电力大学（北京）, 2011.

[52] 赵冬泉, 王浩正, 陈吉宁, 等. 城市暴雨径流模拟的参数不确定性研究 [J]. 水科学进展, 2009, 20(1): 45-51.

[53] 余香英, 秦华鹏, 黄跃飞. 基于 IHACRES 和 GLUE 的降雨径流过程模拟 [J]. 中国给水排水, 2010, 26(3): 57-61.

[54] 刘艳丽, 梁国华, 周慧成. 水文模型不确定性分析的多准则似然判据 GLUE 方法 [J]. 四川大学学报 (工程科学版), 2009, 41(4): 89-96.

[55] Neuman S P. Maximum likelihood Bayesian averaging of uncertain model predictions [J]. Stochastic Environmental Research and Risk Assessment, 2003, 17(5): 291-305.

[56] Parrish M A, Moradkhani H, DeChant C M. Toward reduction of model uncertainty: Integration of Bayesian model averaging and data assimilation[J]. Water Resources Research, 2012, 48(3): 3519.

[57] Rojas R, Feyen L, Dassargues A. Conceptual model uncertainty in groundwater modeling: Combining generalized likelihood uncertainty estimation and Bayesian model averaging[J]. Water Resources Research, 2008, 44(12).

[58] Xu T, Valocchi A J. A Bayesian approach to improved calibration and prediction of groundwater models with structural error[J]. Water Resources Research, 2015, 51(11): 9290-9311.

[59] Demissie Y K, Valocchi A J, Minsker B S, et al.Integrating a calibrated groundwater flow model with error-correcting data-driven models to improve predictions[J]. Journal of Hydrology, 2009, 364(3-4): 257-271.

[60] 钟乐乐, 曾献奎, 吴吉春. 基于高斯过程回归的地下水模型结构不确定性分析与控制[J]. 水文地质工程地质, 2019, 46(1): 1-10.

[61] 李明亮. 基于贝叶斯统计的水文模型不确定性研究 [D]. 北京: 清华大学, 2012.

[62] 赵冬泉, 董鲁燕, 王浩正, 等. 降雨径流连续模拟参数全局灵敏性分析 [J]. 环境科学学报, 2011, 31(4): 717-723.

[63] Shannon C E. A mathematical theory of communication[J].The Bell System Technical Journal, 1948, 27(3): 379-423.

[64] 宋晓猛, 张建云, 占车生, 等. 水文模型参数敏感性分析方法评述 [J]. 水利水电科技进展, 2015, 35(6): 105-112.

[65] Saltelli A, Ratto M, Andres T, et al. Global sensitivity analysis,the primer[M]. Chichesster:John Wiley&Sons,2008.

[66] 宋晓猛, 占车生, 夏军, 等. 流域水文模型参数不确定性量化理论方法与应用 [M]. 北京: 中国水利水电出版社, 2014.

[67] 宋晓猛. 基于响应曲面方法的分布式时变增益水文模型不确定性量化研究 [D]. 徐州: 中国矿业大学, 2012.

[68] Wagener T, Van Werkhoven K, Reed P,et al. Multiobjective sensitivity analysis to understand the information content in streamflow observations for distributed watershed modeling[J]. Water Resources Research, 2009, 45.

[69] Saltelli A, Sobol I M. About the use of rank transformation in sensitivity analysis of model output[J]. Reliability Engineering and System Safety, 1995, 50(3): 225-239.

[70] Saltelli A, Tarantola S, Chan K P S. A quantitative model-independent method for global sensitivity analysis of model output[J]. Technometrics, 1999, 41(1): 39-56.

[71] IM S. Sensitivity estimates for nonlinear mathematical models[J]. Math Model Comput Exp, 1993, 1(1): 112-118.

[72] Song X. An efficient global sensitivity analysis approach for distributed hydrological model[J]. Journal of Geographical Sciences, 2012, 22(2): 209-222.

[73] 宋晓猛, 占车生, 夏军. 集成统计仿真技术和 SCE-UA 方法的水文模型参数优化 [J]. 科学通报, 2012, 57(26): 2530-2536.

[74] 深圳市市场监督管理局. 雨水利用工程技术规范 :SZDB/Z 49—2011[S]. 深圳 :[出版者不详], 2011.

[75] Rossman L A, Simon M A. Storm Water Management Model User's Manual Version 5.1[R]. Washington: United States Office of Research and Environmental Protection Development, 2015.

[76] Hsieh C H, Davis A P. Multiple-event study of bioretention for treatment of urban storm water runoff[J]. Water Science and Technology, 2005, 51(3-4): 177-181.

[77] Ermilio J R, Traver R G. Hydrologic and pollutant removal performance of a bio-infiltration BMP[C]//American Society of Civil Engineers.World Environmental and Water

Resource Congress 2006: Examining the confluence of environmental and water concerns. Omaha, Nebraska, United States:[s.n.],2006: 1-12.

[78] 刘书明, 王欢欢, 信昆仑. 城镇给水管网多目标优化设计算法及应用 [J]. 中国给水排水. 2014, 30(1): 52-55.

[79] 刘冬梅, 张弛, 李敏, 等. 基于多目标优化模型的雨水管网改建 [J]. 南水北调与水利科技. 2016, 14(3): 183-187.

[80] 李树平, 刘遂庆. 城市排水管道系统设计计算的进展 [J]. 给水排水, 1999, (10): 9-12.

[81] 郭迎庆, 王文标. 直接优化法优化设计城市污水管道系统 [J]. 给水排水, 2002, 28(2): 37-39.

[82] 阎立华. 微机在重力流排水管道系统优化设计中的应用 [J]. 沈阳建筑工程学院学报, 1990(3): 56-61.

[83] 贾玲玉. 海绵城市建设的低影响开发技术配置优化与碳减排研究 [D]. 天津: 天津大学, 2017.

[84] David G., Chie H. K. Genetic algorithms in pipe optimization[J]. Journal of Computing in Civil Engineering, 1987.

[85] 魏洪宇. 基于改进粒子群算法的城市给水管网优化设计 [D]. 北京：北京工业大学, 2014.

[86] Vairavamoorthy K, Ali M. Optimal design of water distribution systems using genetic algorithms[J]. Computer-Aided Civil and Infrastructure Engineering, 2002, 15(5): 374-382.

[87] Guo Y, Walters G A, Khu S T, et al. A novel cellular auto mata based approach to stom sewer design[J]. Engineering Optimization, 2007, 39(3): 345-364.

[88] Afshar M H, Afshar A, Mariño M A, et al. Hyrograph-based storm sewer design optimization by genetic algorithm[J]. Canadian Journal of Civil Engineering, 2006, 33(3): 319-325.

[89] Loughlin D H, Ranjithan S R, Baugh Jr J W, et al. Application of genetic algorithms for the design of Ozone control strategies[J]. Journal of the Air & Waste Management Association, 2000, 50(6): 1050-1063.

[90] 史峰, 王辉, 等. MATLAB 智能算法 30 个案例分析 [M]. 北京：北京航空航天大学出版社, 2011.

[91] Kennedy J, Eberhart R. Particle swarm optimization[C]// Institute of Electrical and Electronics Engineers. Icnn95-international Conference on Neural Networks. Perth, WA, Australia:[s.n.],1995: 1942-1948.

[92] 李丽, 牛奔. 粒子群优化算法 [M]. 北京：冶金工业出版社, 2009.

[93] 肖健梅, 李军军, 王锡淮. 求解车辆路径问题的改进微粒群优化算法 [J]. 计算机集成制造系统, 2005, 11(4): 577-581.

[94] Krishnamurthy S, Tzoneva R. Application of the particle swarm optimization algorithm to a combined economic emission dispatch problem using a new penalty factor[C]// Institute of Electrical and Electronics Engineers. IEEE Power and Energy Society Conference and Exposition in Africa: Intelligent Grid Integration of Renewable Energy Resources (PowerAfrica). Johannesburg, South Africa:[s.n.],2012: 1-7.

[95] Sedki A, Ouazar D. Hybrid particle swarm optimization and differential evolution for optimal design of water distribution systems[J]. Advanced Engineering Informatics, 2012, 26(3): 582-591.

[96] Zoppou C. Review of urban storm water models[J]. Environmental Modelling and Software, 2001, 16(3): 195-231.

[97] 祁继英，白海梅. 水力模型用于排水系统的设计优化 [J]. 中国给水排水，2008，24(4): 36-39.

[98] 汤莉，王颖，张善发. 计算机水力学模型在城市排水管理中的应用 [J]. 中国市政工程，2000, (3): 33-37.

[99] Zitzler E, Laumanns M, Bleuler S. A tutorial on evolutionary multiobjective optimization[J]. Metaheuristics for Multiobjective Optimisation, 2004: 3-37.

[100] 谢涛，陈火旺，康立山. 多目标优化的演化算法 [J]. 计算机学报，2003, 26(8): 102-108.

[101] Grotker M. Runoff quality from a street with medium traffic loading[J].Science of the Total Environment, 1987, 59: 457-466.

[102] 李彦伟，尤学一，季民，等. 基于 SWMM 模型的雨水管网优化 [J]. 中国给水排水，2010, 26(23): 40-43.

[103] 王江坤. 基于 SWMM 模型与城市扩张模拟的海绵城市多目标优化 [D]. 哈尔滨：哈尔滨工业大学,2021.

[104] 李孟霞. 海绵城市理念下的雨水系统优化设计研究——以南京市江北新区为例 [D]. 西安：西北大学,2020.

[105] 曹相生，刘杰，刘婷，等. 基于枚举算法的雨水管网优化设计 [J]. 中国给水排水，2010, 26(7): 37-39.

[106] 吴柏林. 多目标粒子群优化算法及其应用研究 [D]. 成都：电子科技大学，2019.

[107] 唐磊，车伍，赵杨，基于低影响开发的合流制溢流污染控制策略研究 [J]. 给水排水，2013, 49(8): 47-51.

[108] 白桦. 海绵城市防洪减涝效应评价模型及其应用 [D]. 北京：中国科学院大学 (中国科学院教育部水土保持与生态环境研究中心),2020.

[109] 尹海龙，解铭. 基于动态渗透的雨水塘下渗试验研究 [C]// 吴有生、颜开、孙宝江. 第十三届全国水动力学学术会议暨第二十六届全国水动力学研讨会文集. 青岛：海洋出版社,2014.

[110] He Z, Davis A P. Process modeling of storm-water flow in a bioretention cell[J]. Journal of Irrigation and Drainage Engineering, 2011, 137(3): 121-131.

[111] 王文亮，李俊奇，车伍，等. 雨水径流总量控制目标确定与落地的若干问题探讨 [J]. 给水排水，2016, 42(10): 61-69.

[112] Bodman G B, Colman E A. Moisture and energy conditions during downward entry of water into soils[J]. Soil Science Society of America Journal, 1945, 9: 3-11.

[113] 贾志军，王贵平，李俊义，等. 土壤含水率对坡耕地产流入渗影响的研究 [J]. 中国水土保持，1987(9): 25-27.

[114] Emerson C H, Traver R G. Multiyear and seasonal variation of infiltration from storm-water best management practices[J]. Journal of Irrigation and Drainage Engineering, 2008, 134(5): 598-605.

[115] Muthanna T M, Viklander M, Thorolfsson S T. Seasonal climatic effects on the hydrology of a rain garden[J]. Hydrological Processes: An International Journal, 2008, 22(11): 1640-1649.

[116] Le Coustumer S, Fletcher T D, Deletic A, et al. The influence of design parameters on

clogging of stormwater biofilters: a large-scale column study[J]. Water Research, 2012, 46(20): 6743-6752.

[117] Guo J C Y. Urban flood mitigation and stormwater management[M].Oxfordshire:Taylor and Francis, CRC Press,2017.

[118] 北京市质量技术监督局. 海绵城市雨水控制与利用工程设计规范:DB11/685—2021[S]. 北京:[出版者不详],2013.

[119] 李俊奇, 王文亮, 车伍, 等. 海绵城市建设指南解读之降雨径流总量控制目标区域划分[J]. 中国给水排水, 2015,31(8):6-12.

[120] Tan Q, Li T, Zhou Y C, et al. Calibration of urban stormwater drainage model[J]. Journal of Hunan University, 2008, 35(1): 31-35.

[121] 林文娇, 王林, 陈兴伟. 晋江东溪流域土壤侵蚀分布式模拟[J]. 水资源与水工程学报, 2008, 19(3): 38-40.

[122] 李晓, 李致家, 董佳瑞. SWAT模型在伊河上游径流模拟中的应用[J]. 河海大学学报(自然科学版), 2009, 37(1): 23-26.

[123] Qin F C, Zhang L J, Xin-Xiao Y U, et al. Research of automatic calibration module of SWAT model in Yunzhou reservoir basin[J]. Research of Soil and Water Conservation, 2010, 17(2): 86-89.

[124] 李耀宁, 陶立新, 黄湘. 不同雨量计测值误差分析[J]. 气象科技, 2011, 39(5): 670-672.

[125] Lee J H, Bang K W. Characterization of urban stormwater runoff[J]. Water Research, 2000, 34(6): 1773-1780.

[126] 陈志良, 程炯, 刘平, 等. 暴雨径流对流域不同土地利用土壤氮磷流失的影响[J]. 水土保持学报, 2008, 22(5): 30-33.

[127] 王书功. 水文模型参数估计方法及参数估计不确定性研究[M]. 郑州：黄河水利出版社, 2010.

[128] Harmel R D, Smith P K. Consideration of measurement uncertainty in the evaluation of goodness-of-fit in hydrologic and water quality modeling[J]. Journal of Hydrology, 2007, 337(3-4): 326-336.

[129] Deletic A, Dotto C B S, McCarthy D T, et al. Assessing uncertainty in urban drainage models[J]. Physics and Chemistry of the Earth, 2012, 42: 3-10.

[130] Roux C, Guillon A, Comblez A. Space-time heterogeneities of rainfalls on runoff over urban catchments[J]. Water Science and Technology, 1995, 32(1): 209-215.

[131] Nandakumar N, Mein R G. Uncertainty in rainall-runoff model simulation and the implications for predicting the hydrologic effects of land-use change[J]. Journal of Hydrology, 1997, 192(1-4): 211-232.

[132] Faurès J M, Goodrich D C, Woolhiser D A, et al. Impact of small-scale spatial rainfall variability on runoff modeling[J]. Journal of Hydrology, 1995, 173(1-4): 309-326.

[133] 宫永伟. 三峡库区大宁河流域(巫溪段)TMDL的不确定性研究[D]. 北京：北京师范大学, 2010.

[134] Volkmann T H M, Lyon S W, Gupta H V, et al. Multicriteria design of rain gauge networks for flash flood prediction in semiarid catchments with complex terrain[J]. Water Resources Research, 2010, 46(11).

[135] Strangeways I. Improving precipitation measurement[J]. International Journal of

Climatology: A Journal of the Royal Meteorological Society, 2004, 24(11): 1443-1460.

[136] Duchon C E, Essenberg G R. Comparative rainfall observations from pit and aboveground rain gauges with and without wind shields[J]. Water Research, 2001, 37(12): 3253-3263.

[137] Haydon S, Deletic A. Model output uncertainty of a coupled pathogen indicator-hydrologic catchment model due to input data uncertainty [J]. Environment Modelling and Software, 2009, 24(3): 322-328.

[138] 刘娜, 任立良. 基于信息熵对新安江水文模型参数及预报结果不确定性的量化分析[J]. 西北水电, 2010, (3): 88-91.

[139] 曹飞凤, 张世强, 许月萍, 等. 基于SCEM-UA算法和全局敏感性分析的水文模型参数优选不确定性研究[J]. 中山大学学报(自然科学版), 2011, 50(2): 120-126.

[140] 王浩昌. 基于不确定性分析的SWMM参数识别方法研究及工具开发[D]. 北京：清华大学, 2009.

[141] 陈吉宁, 赵冬泉. 城市排水管网数字化管理的理论与应用[M]. 北京：中国建筑工业出版社, 2010.

[142] Mark O, Weesakul S, Apirumanekul C, et al. Potential and limitations of 1D modeling of urban flooding [J]. Journal of Hydrology, 2004, 299(3-4): 284-299.

[143] Spear R C, Grieb T M, Shang N. Parameter uncertainty and interaction in complex environment models[J]. Water Resource Research, 1994, 30(11): 3159-3170.

[144] 王乾勋, 赵树旗, 周玉文, 等. 基于建模技术对城市排水防涝规划方案的探讨——以深圳市沙头角片区为例[J]. 给水排水, 2015, 51(3): 34-38.

[145] 童旭, 覃光华, 王俊鸿, 等. 基于MIKE URBAN模型研究设计暴雨雨型对城市内涝的影响[J]. 中国农村水利水电, 2019(12): 80-85.

[146] 马盼盼, 于磊, 潘兴瑶, 等. 排水模型不同概化方式对模拟结果的影响研究——以MIKE URBAN软件为例[J]. 给水排水, 2019, 55(3): 132-138.

[147] 黄艳, 程海云. 对NAM模型的改进及应用的初步探讨[J]. 水利水电快报, 1997(19): 24-27.

[148] Yen B C. Urban stormwater hydraulics and hydrology[M]. Water resources publication, United States: Library of Congress, 1982.

[149] 孙欣. 城市雨水系统工况模拟与内涝风险评价[D]. 天津：天津大学, 2009.

[150] 王坤. 基于MIKE11的山丘区小流域洪水淹没模拟与评价研究[D]. 济南：济南大学, 2018.

[151] 张卫民. 基于熵值法的城市可持续发展评价模型[J]. 厦门大学学报(哲学社会科学版), 2004, (2): 109-115.

[152] 田瑾. 多指标综合评价分析方法综述[J]. 时代金融, 2008(2): 25-27.

[153] 刘晓琼, 刘彦随. 基于AHP的生态脆弱区可持续发展评价研究——以陕西省榆林市为例[J]. 干旱区资源与环境, 2009, 23(5): 19-23.

[154] 任桂镇, 赵先贵, 郝鸿忠. 基于熵值法的陕西省可持续发展能力动态研究[J]. 地域研究与开发, 2008, 27(2): 34-37.

[155] 唐邵杰, 翟艳云, 容义平. 深圳市光明新区门户区——市政道路低冲击开发设计实践[J]. 建设科技, 2010, (13): 47-55.

[156] 赵冬泉, 佟庆远, 王浩正, 等. 子汇水区的划分对SWMM模拟结果的影响研究[J]. 环境保护, 2008, 394(8): 56-59.

[157] 中华人民共和国国家质量监督检验检疫总局 中国国家标准化管理委员会. 降水量等

级:GB/T 28592-2012[S]. 北京：中国标准出版社, 2012.

[158] 宫永伟, 戚海军, 宋瑞宁, 等. 无率定情况下城市雨洪模拟的误差分析 [J]. 中国给水排水, 2012, 28(23): 46-50.

[159] 王磊, 周玉文. 微粒群多目标优化率定暴雨管理模型 (SWMM) 研究 [J]. 中国给水排水, 2009, 25(5): 70-74.

[160] Qin H, Li Z, Fu G. The effects of low impact development on urban flooding under different rainfall characteristics[J]. Journal of Environmental Management, 2013, 129(15): 577-585.

[161] 杨洋, 陶月赞. 城市道路雨水口设计浅析 [J]. 建筑设计管理, 2010, 27(2): 22-23, 67.

[162] 高婷. 城市道路雨水口设计分析 [J]. 中国给水排水, 2006, 22(12): 55-58.

[163] Osborn H B. Storm-cell properties influencing runoff from small watersheds[J]. Transportation Research Record, 1983 (922).

[164] Dotto C B S, Kleidorfer M, Deletic A, et al. Impacts of measured data uncertainty on urban stormwater models[J]. Journal of Hydrology, 2014, 508(16): 28-42.

[165] Hornberger G M, Spear R C. An approach to the preliminary analysis of environmental systems[J]. Journal of Environment Management, 1981, 12: 7-18.

[166] Kuczera G, Parent E. Monte carlo assessment of parameter uncertainty in conceptual catchment models: the metropolis algorithm[J]. Journal of Hydrology, 1998, 211(1-4): 69-85.

[167] Deletic A, Dotto C B S, McCarthy D T, et al. Assessing uncertainties in urban drainage models[J]. Physics and Chemistry of The Earth, Parts A/B/C, 2012, 42: 3-10.

[168] Freni G, Mannina G, Viviani G. Uncertainty in urban stormwater quality modeling: The effect of acceptability threshold in the GLUE methodology[J]. Water Research, 2008, 42(8-9): 2061-2072.

[169] Dotto C B S, Mannina G, Kleidorfer M, et al. Comparison of different uncertainty techniques in urban stormwater quantity and quality modeling[J]. Water Research, 2012, 46(8): 2545-2558.

[170] 黄金良, 杜鹏飞, 何万谦, 等. 城市降雨径流模型的参数局部灵敏度分析 [J]. 中国环境科学, 2007, 27(4): 549-553.

[171] Harmel R D, Cooper R J, Slade R M, et al. Cumulative uncertainty in measured stream flow and water quality data for small watersheds[J]. Transactions of the ASABE, 2006, 49(3): 689-701.

[172] 李胜, 梁忠民. GLUE 方法分析新安江模型参数不确定性的应用研究 [J]. 东北水利水电, 2006, 24(259): 31-33,47.

[173] Kleidorfer M, Deletic A, Fletcher T D, et al. Impact of input data uncertainties on urban stormwater model parameters[J]. Water Science and Technology, 2009, 60(6): 1545.

[174] Kuczera G, Kavetski D, Franks S, et al. Towards a bayesian total error analysis of conceptual rainfall-runoff models: characterising model error using storm-dependent parameters [J]. Journal of Hydrology. 2006, 331(1-2): 161-177.

[175] Shen Z, Chen L, Liao Q, et al. Impact of spatial rainfall variability on hydrology and nonpoint source pollution modeling[J]. Journal of Hydrology, 2012, 472-473(23): 205-215.

[176] Butts M B, Payne J T, Kristensen M, et al. An evaluation of the impact of model structure on hydrological modelling uncertainty for streamflow simulation [J]. Journal of Hydrology, 2004, 298(1-4): 242-266.